孩子也能懂的诺贝尔奖

藏在太阳里的诺贝尔奖

柠檬夸克 / 文

格子工作室 / 图

U0350552

CS 湖南少年儿童出版社
HUNAN JUVENILE & CHILDREN'S PUBLISHING HOUSE

图书在版编目（CIP）数据

孩子也能懂的诺贝尔奖 . 藏在太阳里的诺贝尔奖 / 柠檬夸克文；格子工作室图 . — 长沙：湖南少年儿童出版社，2019.6（2025.1 重印）
ISBN 978-7-5562-4210-8

Ⅰ . ①孩… Ⅱ . ①柠… ②格… Ⅲ . ①自然科学－青少年读物 Ⅳ .
① N49

中国版本图书馆 CIP 数据核字（2018）第 251379 号

孩子也能懂的诺贝尔奖
Haizi Ye Neng Dong De Nuobeier Jiang
——藏在太阳里的诺贝尔奖
——Cang Zai Taiyang Li De Nuobeier Jiang

总 策 划：周　霞　　　　　策划编辑：刘艳彬
责任编辑：刘艳彬　　　　　封面设计：进　子
质量总监：阳　梅　　　　　版式设计：进　子
文字统筹：王海燕

出 版 人：胡　坚
出版发行：湖南少年儿童出版社　　　　地　　址：湖南省长沙市晚报大道 89 号
电　　话：0731-82196340（销售部）82196313（总编室）
传　　真：0731-82199308（销售部）82196330（综合管理部）
常年法律顾问：北京长安律师事务所长沙分所　　张晓军律师

印　　刷：湖南立信彩印有限公司　　　　开　　本：710mm×980 mm　1/16
版　　次：2019 年 6 月第 1 版　　　　　印　　次：2025 年 1 月第 9 次印刷
书　　号：ISBN 978-7-5562-4210-8　　印　　张：9.5
定　　价：39.80 元

目录

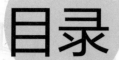

第1章

富勒烯：
"被跨界"的大师

　　1985 年，一种分子结构酷似足球的新材料问世，惊艳了全世界，它叫富勒烯。

　　它有什么不同寻常的优点？为什么叫富勒烯呢？"富勒"是发明者的名字，还是为了纪念某位伟大的科学家？或者，"富勒"是某国的语言，意思是这种材料有极优异的性质？

　　都不是！

　　那它为什么叫富勒烯呢？

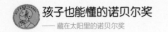

好名字有来头，你知道吗？

科学史中许多响亮的名字，比如 X 射线，都大有来头，背后往往隐藏着一个传奇的故事或者一位杰出的人物。

在 1898 年，居里夫人和丈夫皮埃尔·居里一起发现了一种新元素。这真是一个非常艰难的过程，因为今天我们已经知道，这种元素是地球上最为稀有的元素之一，也是最毒的物质之一。为了纪念居里夫人的祖国波兰，居里夫妇将它取名为钋。类似的，101 号元素被命名为钔，是为了纪念发明元素周期表的伟大化学家门捷列夫；102 号元素叫锘，是为了纪念化学家和工程师诺贝尔。

通常情况下，科学名词的命名遵循"先见先得"的原则，即谁最先提出或发现，就用谁的名字命名。比方说，家庭装修时的隐形杀手——苯和甲苯，这两种物质中都有苯环，苯环的结构又被叫作凯库勒式。化学家凯库勒从梦中受到启发，想到了苯环的分子结构。又比方说，化学实验中用的本生灯，是德国化学家本生发明的。

  物理学领域的取名方式也差不多。我们熟知的 X 射线，因为发现者是德国物理学家伦琴，又被称为伦琴射线。牛顿发现的薄膜干涉中明暗相间的同心圆环，叫作牛顿环。为了纪念所在的莱顿城和莱顿大学，荷兰莱顿大学物理学教授马森布罗克发明的电容器装置，被命名为莱顿瓶。

　　天文学领域的命名就比较"大公无私"，经常是后人出力，前人留名。在新闻中曝光率颇高的哈勃太空望远镜，并不是哈勃本人主持制造的，而是为了向哈勃致敬，用他的姓氏命名的。英籍德裔天文学家威廉·赫歇耳对反射式望远镜的制造和改进功勋卓著。为了磨制望远镜的透镜镜片，他日夜不辍，废寝忘食，在18世纪造出房子那么大的反射式望远镜，蔚为壮观。即便这样，威廉·赫歇耳也没用自己的姓氏命名他的"大炮"。2009年，欧洲航天局把史上最强的远红外线太空望远镜命名为"赫歇耳"，以纪念威廉·赫歇耳以及他们一家对天文观测事业的贡献。美国天文学家海尔一生组织建造过不少在天文学界威名赫赫的望远镜，其中属于芝加哥大学的叶凯士天文台和叶凯士望远镜，是用出资建造此望远镜的城市铁路大亨叶凯士的姓氏命名的；胡克望远镜的"胡克"是一位富商，他也是出资建造这架望远镜的金主。海尔去世10年后，他在帕洛马山天文台筹建的5.08米口径的反射式望远镜落成时，人们把这架望远镜命名为海尔望远镜，以纪念海尔的不朽功业。

　　以上名字无论是为了纪念直接做出贡献的科学家，还是为了纪念本

领域的杰出人物，都顺理成章，就算是用出资人的名字命名或者是用做出贡献的地点和学校命名，也都师出有名。而富勒烯中的这位富勒，既不是化学家，也根本不是科学家，对富勒烯的研究和发明没有动过一根手指头，解囊相助更谈不上。富勒烯闪亮登场时，富勒已离世2年。富勒实际上是一个建筑师，跟化学隔行，他的名字居然用在一种让全球瞩目的新材料上，而且被载入诺贝尔化学奖的史册，这是什么道理？

纵观诺贝尔奖的历史，"跨界"的诺贝尔奖得主也不是没有。德国结构生物学家米歇尔由于成功地获得了世界上第一个膜蛋白晶体，获得1988年的诺贝尔化学奖。电影《美丽心灵》的主角原型数学家约翰·纳什，因为在博弈论领域的开创性贡献，获得1994年的诺贝尔经济学奖。这两位诺贝尔奖得主都是利用自己的专业才能，在其他领域或者交叉领域做出了贡献，这个界跨得让人信服。而富勒，怎么说好呢？唉，只能说是"被跨界"了。

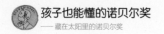
"无证"大师，传奇不死

严格地说，巴克敏斯特·富勒并不能算一个建筑师，因为他从未取得建筑师的职业资格，不过这丝毫不妨碍他的名气大得震天响。他的设计在当时无一例外地让人惊掉下巴，基本上可以说有两种结果：建成的，被人等着看它被大风掀翻；没建成的，让人看着设计图纸干瞪眼，因为依靠当时的技术根本无法实现。

富勒设计了会飞的房子，其实就是一个用铝和玻璃制成的超轻住宅，能自动除尘和清洁，水可以循环利用。令现代人向往的是，这种房子可以批量生产，一天之内盖成，还可以被飞艇载着飞往地球上的任何一个地方，活脱脱就是现实版的"飞屋环游记"——差点忘了说，这是他在 20 世纪 20 年代的想法，天呐！

他设计了小型汽车，在人们还热衷于拥有庞大身躯的汽车并引以为豪的年代。他设计的汽车发动机，只相当于一台割草机的发动机，效率却出奇地高！我们现在也开始提倡汽车小型化，低碳理念嘛——如今最

巴克敏斯特·富勒

时髦了。请注意，这也是他在20世纪30年代的想法，能不让人佩服吗？

即使用今天的眼光看，人们也不禁好奇：富勒的脑袋是怎么长的？莫非上帝造他的时候，恶作剧地把一个21世纪的大脑，装进了一个20世纪的躯体里？在人类因为自己的制造能力突飞猛进而激动不已，满足于物质的空前繁荣时，富勒却异常冷静地洞见了未来。他的设计无一不体现着"用更少的资源办更多的事"的理念，又以前所未有的造型呈现，让人瞠目结舌。富勒其人被笑称为无害的怪物。

富勒的一生，失意和打击多过成功和欢愉。故去之后，他的理念一再像预言般点醒人们，以至于30多年过去了，富勒不但没有被人忘记，反而名气越来越大，越来越多的人记起他并实践他的理念。

他在死后"活成"了一个传奇。

化学家造出的"足球"

富勒天马行空的诸多设计中，比较容易被人接受的是球形建筑。他这样阐述自己的设计理念：评判建筑结构优劣的一个好指标，是遮盖一平方米地面所需要的结构的重量。在常规的墙顶设计中，这数字往往是2500千克每平方米，但是球型建筑可以用约4千克每平方米来完成这一设计。1967年，加拿大蒙特利尔世界博览会的美国馆，被富勒设计成了20层高的球形建筑，人们亲切地称之为富勒球。

罗伯特·柯尔

　　也就是从那时起，球形建筑开始在全球蔚然成风。它造价低廉，建造快捷。印度的一家公司为非洲的农民制造了几百个球形帐篷，用于支持当地农业的发展。卡特琳娜飓风过后，灾民也都住进根据富勒的设计原理建造的临时帐篷里。

　　富勒球的构建思想超越了建筑学领域，富勒用六边形和少量的五边形创造出的"宇宙中最有效率"的结构让三位化学家深受启发，他们是美国人罗伯特·柯尔、理查德·斯莫利和英国人哈罗德·克罗托。这三个人在1985年制造出了一种新的物质。这种物质的分子由60个碳原子组成，长得和足球非常相似，让人看了很想踢一脚。

金刚石　　富勒烯　　　　　钢材　　　富勒烯

铜　　　　　富勒烯

　　这个"足球"犹如梅西踢出的一记世界波，彻底改变了人们对碳这种物质的看法。在传统的观念里，纯净的碳有两种不同的形态——金刚石和石墨。在化学上，我们把由同一种元素构成，却拥有不同的物理性质，比如不同的颜色、硬度、气味等的单质称为同素异形体。金刚石和石墨就是碳的同素异形体，而人们认为碳只有这两种同素异形体。

　　可罗伯特·柯尔等人的实验打破了人们对碳的固有认知。这个活像足球的碳分子，分明就是碳的第三种同素异形体。经过研究发现，这个"足球"还天赋异禀，比如它比世界上最硬的东西——金刚石还要硬；它的延展性却又出乎意料地好，是钢材的 300 倍；它还能导电，而且比

铜的导电能力强多了……这简直就是一种超级材料啊！

这么好的东西，一定要给它起个好名字！几个人琢磨了半天，因为是受到了富勒思想的启发，它长得又和富勒球很像，干脆就叫巴克敏斯特富勒烯，简称富勒烯好了。恐怕富勒做梦也没有想到，他会因此而名扬世界。

不过，我们中国人里没有太多富勒的"粉丝"，一般把它叫作足球烯或巴基球。在台湾地区，人们称之为球碳；在香港地区，则管它叫布克碳。

柯尔等人在 1985 年制备出了富勒烯，使富勒烯真正走进人们的视野。随后的短短几年间，人们先后发现各种不同的富勒烯，有球状的，有管状的（被形象地称为巴基管），还有一层一层像洋葱一样的。它们无一不是超级材料，拥有传统材料所不具备的性质和优势。

不仅如此，1992 年，科学家发现了自然界中天然存在的富勒烯，2010 年，又找到了宇宙中存在富勒烯的证据。

柯尔等人因为发现富勒烯，获得 1996 年的诺贝尔化学奖。

直通未来

到现在为止，富勒烯的发现已经有 30 多年了，不过我们并没有看到预想中的富勒烯汽车、富勒烯大楼、富勒烯电线……这是怎么回事呢？

首先，制造富勒烯还有点困难。前面讲了，富勒烯有球状的、有管状的、有洋葱状的，五花八门，在制造和生产富勒烯的过程中，科学家很难保证制造出一种纯净的富勒烯，也很难控制各种富勒烯在成品中的比例。这就造成了富勒烯成品性质的不稳定，一会儿这样，一会儿那样。显然，这么"调皮任性"的东西是无法大规模生产的。

其次，在对富勒烯的研究中发现，一些种类的富勒烯是有毒的，它们有可能引起眼睛的不适，让皮肤过敏，如果人吸入过多的富勒烯，还有可能导致肺癌、尘肺等疾病。

最后，作为一种纳米材料，有些富勒烯会吸附周围的物质，在吸附的过程中自己还有可能发生变化，这些变化可能会使富勒烯变成有毒有害的物质，从而危害环境。

尽管如此，因为特殊的物理和化学性质，富勒烯的应用前景一直被人看好。富勒本人就是超越时代的，富勒烯也必定不会限于一时。

那好！说好的富勒烯汽车、富勒烯大楼、富勒烯电线……就等你来创造啦！

延伸阅读

●●●●●●●●●●●●●●●●●●
●●●●●●●●●●●●●●●●●

❶罗伯特·柯尔（1933—），美国化学家，因发现富勒烯而获得 1996 年的诺贝尔化学奖。

❷理查德·斯莫利（1943—2005）美国化学家，因发现富勒烯而获得 1996 年的诺贝尔化学奖。

❸哈罗德·克罗托（1939—），英国化学家，因发现富勒烯而获得 1996 年的诺贝尔化学奖。

◆哈勃太空望远镜，1990 年由"发现者号"航天飞机送上太空。由于远离大气层的种种干扰，哈勃太空望远镜取得了所有地面望远镜望尘莫及的观测成果，立下赫赫战功。

◆巴克敏斯特·富勒（1895—1983），拥有 55 个荣誉博士学位和 26 项专利发明。他是建筑设计师、工程师、发明家、思想家和诗人，这五个身份集于一身，他说自己是"一个完全的、未来思想、科学设计的探险者"。

第**2**章

石墨烯：
玩出来的诺贝尔奖

石墨烯的发明者海姆，获得了 2010 年的诺贝尔物理学奖。有趣的是，早在 2000 年，他就已经获得一次"诺贝尔奖"了，只不过那次得的是搞笑诺贝尔奖。

石墨烯是目前已知的世界上最薄、最强韧、导电性能最好的纳米材料，还特别柔软。未来的科技将因为石墨烯，绽放出更加迷人的光芒。日本人说石墨烯是"神仙造出来的材料"。这么神奇的材料，海姆是怎么把它造出来的？

打开了一扇窗

富勒烯的问世，打开了人们认识碳的一扇窗，越来越多的科学家开始研究碳。

通常人们对碳的认知，大多还停留在用来取暖的煤炭上，看不出这黑乎乎的东西和高科技能扯上什么关系，想不通它怎么麻雀变凤凰，成为科学家研究的热点。没错，最初人们是通过煤炭来认知碳。可碳呈现给世人的，绝不只有这一面。

璀璨的钻石是碳，而且是纯净的碳。钻石是制成珠宝后的名字，而加工前的原料叫金刚石。金刚石坚硬无比、不导电、无色透明、有极高的透光率，只要一点光照上去，就熠熠生辉。金刚石在地球上非常稀少，因而制成的钻石也价格不菲。

碳还有另一种截然不同的呈现形式：不怎么硬、导电、黑色不透明，泛着金属光泽，却是地地道道的非金属物质。这就是石墨。我们熟悉的铅笔芯就是用石墨做成的。不怎么硬吧？它软到轻轻在纸上一涂，就掉

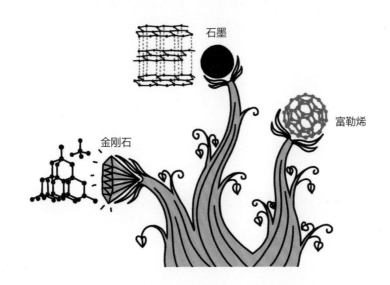

石墨

富勒烯

金刚石

下一层来。显然石墨并不稀有，多着呢，铅笔不是很便宜吗？

金刚石和石墨，化学成分都是碳元素。之所以呈现出截然不同的面貌，有完全相反的性质，是因为它们的结构不同。这句话怎么理解呢？就是说金刚石和石墨都由一个个碳原子组成，但金刚石和石墨里的碳原子排列的队形完全不一样。这个队形不是平面上的，而是立体上的三维队形。科学家把这种三维队形叫作结构。像金刚石和石墨这样，由同一种原子组成，因为原子排列的空间结构不同，而具有不同性质的，叫作同素异形体。碳有 3 种同素异形体，分别是金刚石、石墨和我们上一章

介绍过的富勒烯。

现在，让我们追随英国曼彻斯特大学的一位物理学教授的脚步去看一看，他对石墨非常感兴趣。

石墨的结构酷似蜂房。6 个碳原子组成一个正六边形，一个又一个的正六边形连在一起，组成一个石墨层。一层又一层的石墨层摞在一起，形成石墨晶体。

在每一个六边形的内部，碳原子之间的结合力还是蛮强的，但层与层之间的结合力就比较弱了。所以石墨很软，我们在纸上一涂，就能蹭下一些留在纸上，就是我们写的字迹。

然而这位教授还不满足，他竟然想从一层一层摞在一起的石墨上"片"下一个单层来。天呐！我们只见过片烤鸭，他为什么想"片"石墨呢？因为单层石墨是一种全新的物质。一旦从石墨晶体上"片"下这么一片单层来，就像变魔术一样，单层石墨的性质将发生不可思议的变化，令全世界的人发出惊呼。

安德烈·海姆

搞笑诺贝尔奖

这位想"片"石墨的教授叫安德烈·海姆。他的父母都是德国人，他出生在俄罗斯，拥有荷兰和英国双重国籍，在英国的曼彻斯特大学任物理学教授。

在另外两册书中，我们介绍过几位两次获得诺贝尔奖的牛人，而这位海姆教授更牛！2010 年，他因发现石墨烯而获得诺贝尔物理学奖。从某种意义上说，这不是海姆获得的第一个诺贝尔奖。10 年前，他还得过

一次搞笑诺贝尔奖。诺贝尔奖是全球最负盛名的国际大奖，由瑞典皇家科学院主办，是科学界至高的荣誉。那搞笑诺贝尔奖是什么？

搞笑诺贝尔奖是由美国的《科学幽默》杂志推出的，每年9月，在诺贝尔奖公布前一至两周举行颁奖仪式。评委中有真正的诺贝尔奖得主。其目的是选出那些"乍看之下令人发笑，之后发人深省"的科学研究。每年的搞笑诺贝尔奖里都会出现一些很"奇葩"的发现，比如有人通过研究发现屎壳郎有一项独门绝技，它们是利用银河进行定位的，而我们已知的其他动物全都是通过星星辨识方向的；狗身上的跳蚤比猫身上的跳蚤跳得更高……还有一些脑洞超级大的发明和设想，比如自动狗人语言翻译机，因促进物种间的和平而获奖；会逃跑的闹钟，只有找到它才会停止闹铃声，这个发明因可以有效地减少迟到、提高工作效率而获得经济学奖。有一个获得工程奖的防劫机装置简直酷到不行，当该装置捕获劫机者之后，会把他直接打包，给他装好降落伞和定位装置，然后将他扔下飞机——"好走不送"。而下面这个化学奖就有点"重口味"了，一位日本科学家从母牛的粪便中提取了香草精，用于制造冰淇淋，呃……

　　相比之下，海姆获得搞笑诺贝尔奖的事迹就显得优雅多了，他利用磁悬浮技术使一只青蛙稳定地悬浮起来。通过这个实验，海姆证明，在一定条件下，生命体也可以克服地球引力悬浮在空中。也许有朝一日，凌波微步不是梦，拍戏不用吊威亚，人类可以悬浮在磁场中。真要是那样的话，这个世界会变成什么样呢？可能武侠电影没什么人看了，因为个个都会飞檐走壁。

　　迄今为止，放眼世界，既获得过搞笑诺贝尔奖，又获得过货真价实的诺贝尔奖的，只有海姆一人。在众多"奇葩"的搞笑诺贝尔奖里，海姆那个算是比较"正经"的，而在众多"正经"的诺贝尔奖里，海姆那个又有点"没正行"。

神仙造出来的材料

海姆获得诺贝尔奖的原因，是他和他的学生康斯坦丁·诺沃肖洛夫成功地"片"出了单层的石墨，说得专业点，就是他们从石墨中成功地分离出石墨烯。

消息一出，科学界一片哗然，因为他们的成果打破了之前理论物理学家认为石墨烯不可能存在的预言，为人类打开了新视野。石墨烯以其优异的性质备受瞩目，未来科技也将因为石墨烯绽放出更加迷人的光芒。

石墨烯就是一个单独的石墨层，从石墨中获得，它的性质与石墨又不相同。石墨烯很薄，强度很高，导电、导热性能极佳，并且几乎完全透明，可以说是目前世界上最薄、最强韧、导电性能最好的纳米材料。和富勒烯一样，石墨烯也是一种超级材料。

还没看出来石墨烯好在哪里，是吗？不要紧，科技人员已经两眼放光了！

很薄，导电性能超好是吗？拿来做芯片啊！现在用硅做的芯片，运

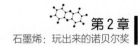

算速度已经达到极限了。一块很小的、用硅做的芯片可以完成发射一颗人造卫星所需的全部运算。要是用石墨烯做芯片，这算什么？还能更上一层楼！用石墨烯制作锂电池，也好得让人不敢相信，会比传统的锂电池充电时间更短，蓄电量更高。也许以后，安装石墨烯电池的电动汽车，可以实现充电 10 分钟，续航 1000 千米。

既能导电，又能传热，还强度很高是吗？拿来做复合材料啊！把石墨烯添加到塑料、橡胶等材料中，可以大大增强材料的韧度、导电性和传热性。多好啊！这样的材料，谁不爱？

特别薄，薄到只有一层碳原子是吗？好啊！有用！地球上的淡水资源不是很少吗？很多地方严重缺水，人和牲畜、庄稼都没水喝、没水浇。地球表面 70% 的面积被海水覆盖，可惜那不是淡水，盐分太高，用不上。海水淡化的成本高得惊人。石墨烯不是天然的优质薄膜吗？用来淡化海水啊。它非常薄，因此无需消耗太多的能量，就能迫使海水通过这层薄膜。把海水里的盐分过滤掉，就是我们急需的淡水了。

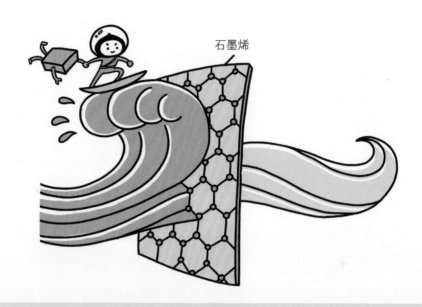

石墨烯

特别透明，还柔韧性极好是吗？拿来做柔性触摸屏幕啊！韩国三星公司和成均馆大学的科技人员已经用石墨烯做成了一块柔性触摸屏。也许将来，我们带智能手机或平板电脑出门，就不必放在兜里、包里了，可以穿戴在身上，比方说卷起来夹在耳朵上或绕在手腕上……太酷了！

难怪石墨烯一问世，就有日本的科技人员赞叹这是神仙造出来的材料。

说了半天，到底海姆他们是怎么制造出石墨烯的呢？

康斯坦丁·诺沃肖洛夫

刺啦，刺啦……搞定

海姆和诺沃肖洛夫于2004年第一次在实验室中制造出单层的石墨烯。说来让人难以置信，他们的方法简直就像一场游戏。

首先，他们把一块石墨晶体磨薄，磨成几百个石墨层，这是当时实验室所能达到的最薄的程度；然后把这块薄薄的石墨贴到特别的胶带纸上，上面再对贴一张胶带纸，压紧；最后把两张胶带纸撕开。

　　刺啦一下，两张胶带纸上都粘了一部分石墨。显然，两张胶带纸上的石墨，都比最开始的那块要薄。这是迈向成功的第一步。

　　再拿一张新的胶带纸，重复上述步骤，就会得到层数更少的石墨。

　　不断重复这一步骤：粘上、撕开，再粘上、再撕开……

　　刺啦，刺啦……

　　搞定！

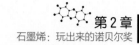

把最终得到的粘着石墨的胶带纸放到有机溶剂里，使胶带纸溶化掉，然后用电子显微镜观察溶剂——看呀！单层的石墨烯！

这样也行？

这样一个近乎游戏的实验，怎么看都像闹着玩儿。没有高精尖的仪器，没有废寝忘食的工作，没有经历无数次失败的励志故事，"手撕"胶带居然就有了这么了不起的创造。这，这……太不"科学"了！

实际上，在石墨的晶体结构被发现以后，就有科学家设想，是不是能制造出单层的石墨。不过经过一番理论计算，科学家普遍认为，单层的石墨是不稳定的，不可能存在。可海姆偏偏不信这个邪，他觉得可以制造出单层的石墨。

其实，科学发现并不总是需要多么高精尖的仪器和多么先进的实验条件。在科学发现与发明中，最宝贵的是探究世界的好奇心和不同寻常的想象力，以及持之以恒的兴趣。

两次荣膺诺贝尔奖，一次搞笑的，一次货真价实的，让海姆一时间成了名人。不少新闻报道说，海姆是一个富有娱乐精神的人，他的实验

手段和实验材料让人匪夷所思。他不像一个科学家，可他恰恰是一个真正充满了科学探索精神的人。无论是用磁悬浮技术浮起青蛙，还是用胶带纸"撕"出石墨烯，都需要丰富的想象力和执着追求真理的精神。

也许搞笑诺贝尔奖更能体现这种精神的内涵：向想象力致敬，向不寻常的人致敬！

❶ 安德烈·海姆（1958—），荷兰藉与英国藉物理学家，因发现石墨烯而获得 2010 年的诺贝尔物理学奖。

❷ 康斯坦丁·诺沃肖洛夫（1974—），拥有俄罗斯和英国双重国籍的物理学家，因发现石墨烯而获得 2010 年的诺贝尔物理学奖。

◆居里夫人是历史上第一个两次获得诺贝尔奖的人，第一次获得的是物理学奖，第二次获得的是化学奖。

◆约翰·巴丁是迄今为止唯一一位两次获得诺贝尔物理学奖的物理学家。他第一次获奖，凭借的是发明晶体管，第二次获奖则是因为提出了低温超导理论。

◆唯一一位两次获得诺贝尔化学奖的是英国人弗雷德里克·桑格。

第**3**章

人造钻石：
铅笔芯的华丽逆袭

　　铅笔芯和钻石的化学成分是一样的，太不可思议了吧，有人证明过这件事吗？沿着这个思路，有人脑洞大开：既然化学成分一样，那能不能把铅笔芯变成钻石呢？如果能，那可就发大财咯。

　　很多化学家想尽办法尝试把铅笔芯变成钻石，第一个"成功"的人，还是一位诺贝尔化学奖得主。然而，他到死都不知道，自己的"成功"竟然是个乌龙。

前面说过，金刚石和石墨的化学成分是一模一样的。金刚石经过加工打磨就是钻石，石墨是做铅笔芯的主要材料。要说钻石和铅笔芯的化学成分一模一样，它们本是同根生，你一定会相当震惊并且难以置信吧？

哇！钻石多贵啊！那么一点点大，就要好几千甚至上万元。

铅笔芯，哎！铅笔多便宜啊，10元钱能买一大把！

它们怎么会是同一种东西呢？开玩笑吗？

是真的，不是开玩笑，它们的化学成分是一样的。这是科学！科学就得讲证据，要想让人接受，不能靠猜靠想，得用事实说话。有实验验证这件事吗？

有！

败家的实验

最早认定金刚石成分的，是一个叫拉瓦锡的法国化学家。

在化学史上，拉瓦锡的地位堪比物理学界的牛顿。他提出了"化学元素"的概念，谱写了最初的化学元素表，氢、氧等化学元素的名字都是他给取的。他撰写了第一部真正现代化学教科书《化学基本论述》，被后人尊称为近代化学之父。假如诺贝尔奖提前问世，凭拉瓦锡的化学功绩，他能拿好几次奖。可惜呀，生不逢时！拉瓦锡没赶上科学家被请上奖台、由国王颁奖、举世瞩目的好时候，他赶上了风云激荡的法国大革命。因为曾任波旁王朝的包税官，尽管拉瓦锡出身贵族，从小家资殷厚，很少掺和横征暴敛的事，但他还是被无情地推上了断头台。法国数学家拉格朗日痛心地说："他们可以一眨眼就把他的头砍下来，但那样的脑袋，100 年也长不出一个来了！"

1772 年，拉瓦锡做了一个十分败家的实验。他把一颗钻石给点着了，将它烧成了灰。哎哟！现在人们管可劲儿花钱不心疼叫烧钱，人家拉瓦

锡烧钻石！他这么做当然不是"有钱任性"，他想要确定钻石的成分。他发现，钻石燃烧后会生成一些气体，这些气体不溶于水，与碳燃烧后生成的气体的化学性质一样。进一步研究发现，同样质量的钻石和碳，燃烧后所产生的气体的量是相等的。据此，拉瓦锡认为钻石，也就是金刚石的主要成分就是碳。

仿佛光环消失，神秘的面纱被揭开了。咳，敢情钻石的本质就是碳啊！那么贵的东西，原来真面目就是这么不值钱的玩意儿。

亨利·莫瓦桑

真能点"石"成"金"吗?

　　拉瓦锡的实验一定惊掉了不少人的下巴,而把下巴托回去后,很多人看到了点"石"成"金"的希望!既然金刚石的主要成分是碳,石墨的主要成分也是碳,要是能找到一种方法,把石墨转变成金刚石,那不是相当于开了一座金山吗?发家致富的路就在眼前啊!于是,很多化学家投入这项研究中。

100 年过去了，没有人成功，但人们的热情丝毫不减。

终于，1893 年，有人成功了！金刚石！金刚石！做出金刚石啦！

第一个完成点"石"成"金"壮举的，是拉瓦锡的同胞，化学家亨利·莫瓦桑。

莫瓦桑出生于法国一个贫困家庭，由于家境贫寒，莫瓦桑直到 12 岁才上小学。中学没毕业，他就不得已辍学打工以填饱肚子。20 岁的时候，莫瓦桑进入一家药店做学徒，在这期间，他学习了很多化学知识。1872 年，法国自然博物馆馆长、化学家弗雷米招聘助理实验员，莫瓦桑前往应聘，得以进入弗雷米的实验室工作。这个刷瓶子、洗试管的工作给莫瓦桑的人生带来了转机，靠着这点微薄的薪水，莫瓦桑完成了中学和大学的学业，并且走上了化学研究的道路。

大学毕业后，莫瓦桑从事他所钟爱的化学事业。他一生最大的贡献有两个：一个是制造出了纯净的氟，这是一种很难制备的化学元素；另一个是发明了以他的名字命名的莫氏电炉，把实验室内能达到的温度提高到了 2000 摄氏度以上。莫氏电炉绝对是莫瓦桑给化学界的一大馈赠！

俗话说，没有金刚钻，别揽瓷器活。有了莫氏电炉这个给力的"金刚钻"，很多之前想做又做不成的化学实验就可以顺利进行了。

莫瓦桑本人就成功地用莫氏电炉做过很多实验，制造出了一批以前没有的化合物。其中最让他声名大噪的，当属他在 1893 年用莫氏电炉"制造"出了金刚石。

1906 年，莫瓦桑凭借自己的一系列贡献获得诺贝尔化学奖。

　　遗憾的是，自从 1893 年那次成功制造出金刚石以后，再也没有第二个人制造出金刚石，就连莫瓦桑自己也没能复制当年的成功。不应该呀！科学应该是"放诸四海皆准"的，比如 1+1=2，0 摄氏度以下水凝结成冰，盐可以溶解于水……如果在你那里成立，在我这里不成立；刚才成立，过一会儿不成立，那就不是科学了。科学家发表自己的创新性实验设计，应该清楚无误地说明实验方法和实验结果，任何人在同样的条件下，用同样的方法应该得到同样的结果。难道莫瓦桑 1893 年的那次实验有什么不为人知的独到之处吗？

　　直到 1907 年莫瓦桑去世以后，真相才大白于天下。原来"独到之处"出在他的助手身上。

　　发明莫氏电炉之后，莫瓦桑一心认为，用莫氏电炉可以制造出金刚石。于是他设计了一个实验，让他的助手协助完成。结果，实验失败了。科学家哪能是轻言放弃的人啊！哪个成功的科学家没经过几十次、上百次甚至更多的失败？莫瓦桑从小经历坎坷，能最终完成学业跻身科学家之列，肯定是个意志顽强的人。失败了？再来！又失败了？重新设计实

验，再来！还是失败？总结一下，继续……一次次重复同样的实验，屡
战屡败，屡败屡战，莫瓦桑百折不挠，可他的助手崩溃了。偏偏莫瓦桑
坚信这个实验能成功，不达目的不罢休。得了！就给您一个"目的"吧，
忍无可忍的助手悄悄地把一颗天然的金刚石放进了莫氏电炉里。这就是
莫瓦桑"成功"的那一次。

真的点"石"成"金"啦

莫瓦桑一直未能成功的主要原因是，温度和压力不够。坚硬至极的金刚石是自然界大手笔的杰作，要么形成于深深的地下，爆发的火山把它们带回地表；要么来自广袤浩瀚的宇宙，坠落的陨石把它们携带到地球上。因此，人想要造出金刚石，稀松平常的条件铁定是没戏的，必须在高温和高压下才行。而莫瓦桑时代的实验室，还不具备这样条件。在莫瓦桑之后，又有很多人继续他未完成的探索，但仍欠火候。

最终，创造出这样的条件的是美国科学家珀西·布里奇曼。这个布里奇曼怎么这么厉害呢？你先看看人家是干什么的——布里奇曼长期从事高压研究。

地球上的所有物质都要受到地球表面大气压的影响。别一听到"压"，就想到"压力山大"。火星表面倒是气压很低，可人到了那里连气都喘不上来。地球表面大气压的存在，使得我们可以畅快地呼吸，但要是气压太高，我们也受不了。如果一种物质承受的压力远远大于大气压，那

珀西·布里奇曼

么这种物质的性质就有可能发生改变。怎么改变呢？变成什么样？那就是布里奇曼研究的问题啦。

为了研究物质在高压下的变化，首先要在实验室中制造出高压的环境。布里奇曼改进了密封装置，将实验室中能达到的高压，从大气压的 5000 倍飙升到大气压的 10 万倍。这就跟莫瓦桑的莫氏电炉有得拼了，一个提高了温度，一个提高了压强，都是实验室里的神器！超高温、超低温、超高压、超真空这类"奇葩"的极端条件，向来是人类认识自然的禁区。受实验条件的限制，高压物理学是物理学中发展较晚的一个分支。布里奇曼用自己发明的超高压装置，进行了大量开创性的实验，成为现代高压物理学的拓荒者和奠基人。

由于发明了超高压装置，布里奇曼获得了 1946 年的诺贝尔物理学奖。

布里奇曼发明的超高压装置，为点"石"成"金"提供了条件。

1955 年，美国科学家霍尔等人在 1650 摄氏度和 95000 个大气压的条件下，制造出了金刚石，这是人类首次制造出金刚石。此时距莫瓦桑的实验，已经过去了 62 年。

霍尔制造出的金刚石，颗粒比较小，颜色也不是透明的，无法加工成璀璨夺目的钻石首饰，不过用在工业上没问题。能够降低工业生产对天然金刚石的需求，也是好事。

在霍尔之后，随着科学技术的发展，人们找到了制造金刚石的新方法，人造金刚石的品质也越来越好。2010 年，日本爱媛大学的研究人员成功合成了世界上最坚硬的金刚石，直径超过 1 厘米。

现在，除了用于工业之外，越来越多的人造金刚石被加工成钻石首饰。也许在不久以后，人造钻石首饰的价格会"亲民"得多，就像发卡、领带一样，谁家都能有两三颗钻石。

设想一下，也许到那时，我们的词语使用习惯也要随之改变。以后的孩子很有可能不理解以前人们的叫法，为什么银卡、金卡是比较低级的卡，白金卡是比较高级的卡，而最高等级的卡叫钻石卡呢？

❶ 亨利·莫瓦桑（1852—1907），法国化学家，因成功分离出了氟元素并制造出了莫氏电炉而获得 1906 年的诺贝尔化学奖。

❷ 珀西·布里奇曼（1882—1961），美国物理学家，因发明超高压装置并在高压物理学领域做出巨大的贡献，而获得 1946 年的诺贝尔物理学奖。

第 **4** 章

干细胞克隆：
改写教科书的发现

约翰·格登和山中伸弥的发现，被称为生物学里程碑：完整的成熟细胞可以被重新编程，"逆生长"为胚胎细胞，这种细胞可以发育为身体的各种组织器官。教科书因此被改写！

什么是干细胞？干细胞在我们身体里是做什么的？干细胞可以发育成身体的各种组织器官，这意味着什么？

认识细胞

无论是植物，还是动物，包括我们人类，都是由细胞组成的。细胞是除病毒以外，一切生命体的基本结构单元。

通常来说，细胞由细胞核、细胞质和细胞膜组成。细胞核是细胞中最重要的部分。俗话说"龙生龙凤生凤，老鼠的儿子会打洞"，这是为什么呢？因为生命都有各自的遗传基因啊！遗传基因决定了狗生不出小猫，长颈鹿的脖子短不了。中国人长着黄皮肤、黑头发、黑色的眼珠……决定这些的就是遗传基因，而遗传基因就存在于细胞核的内部。你说细胞核重要不重要？

不同的物种，细胞的大小、结构有较大的差别。比如植物的细胞，细胞膜外面还有细胞壁，而动物的细胞没有细胞壁；大部分鸟蛋本身就是一个巨大的细胞，比普通的细胞要大很多；有的物种由多个细胞组成，但也有一些单细胞生物，一个细胞就是一个生命体……

即使在同一个生命体内，不同位置的细胞也是不一样的。以我们人类为例，肌肉里含有大量的肌细胞，可以收缩运动，身体和四肢的运动都离不开它；血液中的红细胞呈圆饼状，负责输送氧气；白细胞则是人体的卫士，负责消灭侵入人体的细菌；生殖细胞负责繁衍下一代……这些细胞各司其职、分工合作，让我们可以兴高采烈地享受每天精彩的生活。

肌细胞

红细胞

生殖细胞

白细胞

一无所长还特别重要的干细胞

在这些细胞中，有一种很特别的细胞，叫干细胞。可不是干巴巴的"干"哦！是骨干的"干"，念 gàn。

我们知道，一说"骨干"，那必定是一个团体里非常重要的、没他不行的人物。那么干细胞在人体里执行什么光荣艰巨的任务呢？别提了！和前面讲到的肌细胞、红细胞、白细胞等相比，干细胞可以说是一无所长。运送氧气，消灭细菌，它统统不会；至于支撑身体，牵引运动，它也全不在行。可它是我们身体里非常重要的细胞，因为它可以根据需要变成各种各样的细胞。这一手厉害吧？因此干细胞又被称为起源细胞。

和人体一样，细胞也是有寿命的，而且细胞的寿命远远小于人体的寿命。一个成年人，体内有 40 万亿~60 万亿个细胞。就在你从上一行字读到这一行字的工夫里，你的身体里都有大量的细胞死亡。别害怕！因为也有大量的细胞新生。这叫新陈代谢。虽然说起来难免有点让人伤感，但是在生命体中，老的旧的衰败死去，新的萌发登场，是再正常不过的事。

新陈代谢是生命现象最基本的特征。

那么新的细胞是怎么来的呢？细胞靠分裂来产生新的细胞。分裂前的细胞被称为母细胞。母细胞在分裂之前会先长大，细胞内的各种物质都被复制一份。复制完成后，母细胞把体内的物质分成相等的两个部分，然后逐渐在这两个部分之间长出细胞膜。这样，一个母细胞就分裂成为两个子细胞。

在大部分情况下，子细胞的种类与母细胞相同。比如肌细胞分裂出来的仍然是肌细胞，红细胞分裂出来的仍然是红细胞。而我们的干细胞就"任性"多了。它可以根据需要，分裂出肌细胞、红细胞、白细胞……要啥有啥，神通广大！可以说，人体内任何种类的细胞，干细胞都可以分裂出来。

你有没有觉得干细胞有点像蜂巢里的蜂后？整天昏吃闷睡，啥事都不干，唯一的任务就是传宗接代，而蜂巢里的全体工蜂都忙忙碌碌地伺候蜂后。干细胞还很像生命体内的生殖细胞。生命体要想繁殖下一代，必须靠生殖细胞才能完成。一个小小的生殖细胞，可以发育成一个独立

的生命体，这是生命最神奇的一点。不过，生殖细胞的分裂必须按特定的方式进行，而干细胞的分裂可以按需要进行。

研究干细胞的意义

科学家对干细胞的研究始于 20 世纪 60 年代，两位加拿大的科学家最早发现了这种细胞，立刻轰动了医学界和生物学界。这些科学家激动什么呀？

他们知道，人体的很多疾病都是细胞衰老或损坏引起的。治疗这些疾病最好的办法，就是修复那些受到损害的细胞，或者用健康的细胞替换不健康的细胞。这听起来很像修补老旧房屋里的瓷砖啊！不牢靠的瓷砖，把它重新贴牢；坏了的瓷砖，给它换片新的。然而，修补瓷砖容易，修复细胞，操作上几乎不可能，因为以人类的医疗水平，还达不到干预细胞分裂的程度。这样的话，受损细胞分裂后，仍然是受损细胞，也就是说，

坏了的细胞一个变成了俩，还是坏的！这样下去，病怎么治得好呢？

现在有了新思路。不是有干细胞吗？让它出马！干细胞可以分裂出健康的细胞，用于补充和替代受损细胞，简直绝了！用干细胞来治疗疾病，是现在医学领域非常重要的一个研究方向。

现在每一个婴儿出生的时候，医院都会询问孩子的父母，是否要保留脐带血。因为脐带血里有较多的干细胞，万一孩子日后不幸得了白血病等疾病，可以用脐带血中的干细胞来辅助治疗，这能起到一定的治疗

干
细
胞

效果。

如果婴儿出生时没有保留脐带血，也用不着太遗憾。脐带血也不能包打天下。它的储存并不容易，而且脐带血里的干细胞数量也是有限的。这就迫使科学家去思考，难道就没有别的办法能够让我们利用干细胞神奇的"超能力"吗？

克隆：复制生命

科学家想到，能不能把普通的细胞转化为干细胞呢？这个想法真够大胆！

可要知道，人类在漫长的生存进程中，从来就不缺乏浪漫和探索的精神，自由奔放的思想和天马行空的想象力绘就了绚烂的文明画卷。我国的古典名著《西游记》中，孙悟空拔一把猴毛，就能变出一大群孙悟空，上天入地地和妖怪作战。当然，这是神话，却很形象地描述了一个生物学上的概念——克隆。所谓克隆，实际上是英文单词 clone 的音译。它的意思就是，用身体的一部分复制出新的、一模一样的个体。

从理论上讲，孙悟空的毛里含有孙悟空的 DNA，完全可以复制出新的孙悟空。而实际上，这样的克隆行不通，因为毛发中的细胞不是干细胞，这些细胞分裂只能产生毛发细胞，无法产生身体其他部位的细胞。而克隆技术就是要让普通的细胞分裂成长为一个新的生命体。

克隆这个概念在生物学上很早就有了，但在很长的一段时间里，它只限于实验室里的学术研究。公众了解克隆，并且妇孺皆知，是因为一位"科学明星"。这位"科学明星"不是什么学者、教授，而是一只芬兰多塞特白面绵羊。它就是 1996 年诞生的克隆羊多莉。多莉与众不同的地方是，它并非由羊爸爸和羊妈妈所生，而是由英国科学家用绵羊的乳腺细胞克隆出来的。这只看上去再普通不过的小羊，是当年声势无二的"科学超新星"。人们关注它的一举一动的背后，是对克隆的期待和担忧。克隆让人们看到，利用生物技术好像可以"复制"任何生物，包括人！

山中伸弥

干细胞克隆

关于克隆技术的各种奇谈怪事被炒得沸沸扬扬，各种忧虑和预言满天飞的时候，在宁静的实验室里，克隆技术被应用于干细胞的研究。2012 年诺贝尔生理学或医学奖得主，英国生物学家约翰·格登和日本医学家山中伸弥就在这个领域成果斐然。

山中伸弥任职于日本京都大学，致力研究干细胞。他在 2006 年有一个重要的发现，他领导的团队使用特殊的方法，使小白鼠的表皮细胞转化成干细胞。这些干细胞又分裂出心肌细胞和神经细胞。在小白鼠身上的实验成功之后，他们尝试把人的表皮细胞转化为干细胞，再让这样的干细胞转变为心肌细胞和神经细胞。实验再次获得成功！山中伸弥的发现为治疗多种心血管疾病提供了巨大的帮助。目前，这一成果已经被广泛应用。真希望看到不久的将来，干细胞还可以用于治疗其他的疾病。

无独有偶，在地球的另一端，一位英国生物学家也在探索生物生长发育的编程密码。他就是约翰·格登。格登在 20 世纪 60 年代就做过一个了不起的实验。他把蟾蜍卵细胞的细胞核抽出来，注射到蟾蜍的小肠上皮细胞里。他用这样制造出来的细胞孵化出了蝌蚪，并且其中一部分蝌蚪继续发育成成熟的蟾蜍。

啊？这是不是和多莉的出生有点相似啊！对了，格登干的事就是克隆。这是人类第一次从动物的成体细胞中重新复制出一个新的动物。

干细胞治疗

细胞移植可治疗如下疾病：糖尿病、阿尔茨海默病、帕金森病、脊髓损伤、肌肉萎缩硬化症、癌症、血管疾病、风湿性关节炎等。

格登和山中伸弥发现，普通细胞可以转化为干细胞，并进而发育成人体的所有组织器官。两位科学家的发现，彻底改变了人们对细胞和器官生长的理解。

约翰·格登

一个是差生，一个很受伤

　　这两位改写教科书的科学家，都有令人回味的往事：一个曾经是差生，一个很受伤。

　　中学时期的格登可不是一个好学生，尤其是他生物课的成绩，竟然排在全年级的最后一名，其他理科成绩也拿不出手，以至于他的老师在他的成绩单上不客气地写下："我相信格登想成为科学家，但以他目前的学业表现来看，这个想法非常荒谬。他连简单的生物学知识都学不会，根本不可能成为科学家。对于他个人以及想教导他的人来说，这根本是

浪费时间。"这份评语至今仍被格登放在自己的办公桌上。

　　面对令人沮丧的成绩单和犹如给自己的科学前程宣判了死刑的评语,"一根筋"的格登却从来没有动摇过对生物学的热爱和执着。他不管不顾地朝着自己认定的目标努力奋斗。当他在 79 岁高龄被授予诺贝尔奖时,他仍兢兢业业地在实验室里工作。一名记者想要对他进行电话采访,实验室的工作人员给出的答复是:"格登正在工作,请不要打扰他!"

　　2012 年 10 月 8 日,英国伦敦,一群记者正等待采访诺贝尔生理学或医学奖的得主格登,而面对镜头的也是 63 年前这份没说一句好话的评语。

　　和格登一同获奖的山中伸弥也有不少"糗事"。少年时代,山中伸弥被日本医生德田虎雄所著的《只有生命是平等的》点亮最初的梦想。而他在高中时期又迷上了柔道,据说为了练柔道,大大小小的骨折就有10 多次。也不知道是他不是这块料呢,还是用力过猛,反正他的高中三年就是这么糗地度过的。一次,山中伸弥的父亲对他说:"你多次受伤,看见医生可以为病人减轻痛苦,你将来要成为医生为人类服务。"父亲入情入理的话,让饱受伤痛的山中伸弥找回了自己的初心。在高中的最后阶段，山中伸弥刻苦学习，终于考上了日本著名的神户大学医学部。

　　不过，哪怕他学医了，也被人叫过捣乱医生。做实习医生的时候，别人 20 分钟能做好的手术，他花了 2 个小时还没搞定。

　　你能想到在诺贝尔奖得主的身上，还会发生这种事吗？

　　但那又怎样呢？不管成功，还是失败；旁人是赞美，还是贬损，拥有自己的理想，并持之以恒地为之奋斗，哪怕走过弯路和歧途，他们都始终朝着自己的目标迈进。我国古人说的宠辱不惊，格登和山中伸弥算是给我们做了个示范吧。

❶ 约翰·格登（1933—），英国生物学家，因在细胞核移植与克隆方面的研究而获得 2012 年的诺贝尔生理学或医学奖。

❷ 山中伸弥（1962—），日本医学家，因发现体细胞可以被转化为干细胞而获得 2012 年的诺贝尔生理学或医学奖。

◆ 2012 年 10 月 8 日，英国伦敦，一群记者正等待采访诺贝尔生理学或医学奖的得主约翰·格登，而面对镜头的却是 63 年前一份没说一句好话的评语。"I believe he has ideas about becoming a scientist; on his present showing this is quite ridiculous…It would be a sheer waste of time." 中文意思是："我相信格登想成为科学家，但以他目前的学业表现来看，这个想法非常荒谬……对于他个人以及想

教导他的人来说，这根本是浪费时间。"这是格登的老师当年说他的话。

◆生殖细胞就是能繁衍后代的细胞。男性体内的精子和女性体内的卵子都是生殖细胞。精子和卵子结合，可以发育成一个新生命。

◆ DNA 的中文名字叫脱氧核糖核酸。一个生命在孕育生长的过程中，是长成两条腿的人，还是长成六条腿的虫子；是带翅膀，还是长着毛……一个人是长黄头发、蓝眼睛，还是长黑头发、黑眼睛；是擅长跑步，还是擅长游泳……这些都由 DNA 决定。

第5章

人体卫士：
免疫系统

　　有些病得过一次，就不会再得，是谁在守卫我们的健康？我们身体的免疫系统和入侵的病魔进行了一场怎样的厮杀？人体的免疫系统可以分为"常规军"和"特种兵"，它们共同守卫人体的健康。"常规军"打击哪些"敌人"？"特种兵"又有什么绝招呢？

　　我们为什么会生病？为什么会感冒，会发烧，会肚子疼？或许是出于自我保护的本能吧，我们对这类问题总是很关注。而与之相反的一个问题就少有人提及，却也极为重要并且非常有趣——为什么我们不生病？

　　如果我们戴上一副魔法眼镜，可以使我们看见平时看不到的细菌和病毒，那眼前的场景简直太恐怖了：哎哟！空气里的细菌和病毒，简直比机场上空的飞机还要繁忙；不好！桌子上也盘踞了不少，看起来像不收费的高速公路；哇！有些还爬到你的水杯里了，谁让你总是忘记盖盖子呢？我的天呐！这是手吗？这么多细菌在我的手上！快去洗洗，用香皂洗三遍！

　　"阿——嚏——"那边有人打了个喷嚏，喷出的飞沫可能沾满从人的呼吸道里带出的细菌和病毒。你想躲开？晚了！一个喷嚏的速度高达

160 千米每小时。网球冠军李娜发球的速度是 200 千米每小时。喷嚏的威力快跟李娜的发球有得一拼啦！看你往哪里逃！

　　太可怕了！生活在这样的"枪林弹雨"里，我们大多数时候竟然还能活蹦乱跳！你也想问了吧：我们为什么不生病？

"常规军"和"特种兵"

细菌围追堵截，病毒十面埋伏。不是只有你生病时，它们才上岗啊！每时每刻，它们都在我们身边虎视眈眈。呃，有些已经在我们身上摩拳擦掌了呢。在大军压境的情况下，人体是如何保护自身免受细菌和病毒的侵犯，捍卫自己的健康的呢？这是免疫系统的功劳。

免疫系统是人体的"禁卫军"，是一套组织严密有序的防卫系统，忠实又强大。它能识别入侵身体的细菌和病毒，并把它们消灭；可以处理身体衰老、损伤、死亡的细胞；可以识别和处理体内的突变细胞，比如癌细胞。可以说，免疫系统是保卫我们健康的忠诚卫士。

一般来说，人体的免疫系统有两种：一种是"常规军"，叫作固有免疫（又称为先天免疫）；另一种类似于"特种兵"，叫作适应性免疫（又称为获得性免疫或特异性免疫）。

　　当细菌或病毒侵入人体的时候，人体的免疫系统就开始工作。血液中的白细胞和吞噬细胞会大量增加，去和"敌人"作战。这些白细胞和吞噬细胞会被血液运输到"战区"，我们会看到局部红肿，摸起来，咝——疼！我们就知道，那个地方发炎了。多数感染会在这样的过程中被治愈。

　　这一免疫过程是与生俱来的，起作用的是身体里的"常规军"，被称为

固有免疫。

有的时候，侵入的细菌和病毒特别凶狠，"常规军"无法完成任务，需要的"特种兵"火线增援。"特种兵"主要是淋巴细胞。人体大约有100 多个淋巴结，主要分布在脖子、腋下和腹股沟上。淋巴结负责制造淋巴细胞。淋巴细胞擅长消灭入侵人体的病毒。作为人体里一支精锐的特种兵部队，淋巴细胞可谓是文韬武略，记忆力非凡。在成功消灭某一种病毒的时候，它们还会记住这种病毒的特征：胆敢再来？消灭你没商量！

人类研制的众多针对不同病毒的疫苗，就是利用淋巴细胞过目不忘的好记性起作用的。

上面说的"常规军"和"特种兵"这两种免疫系统的反应过程，很早就被发现了。可人们一直不知道，到底人体是怎么发现入侵的细菌和病毒的，是怎么分辨敌我的。换句话说，当病从口入时，"常规军"或者"特种兵"就一拥而上喊里喀喳一通暴揍，可它们怎么没把你吃的面条当作入侵之敌呢？

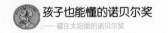

谁是"哨兵"?

是什么东西在充当免疫系统大军的"哨兵"呢?

法国科学家朱尔斯·霍夫曼在 1996 年发现了这种特殊的"哨兵"。

1941 年,霍夫曼出生于卢森堡,大学毕业后留在法国进行生物学研究。从 1980 年开始,他把自己的研究对象固定在一种小虫子——果蝇身上。

如果你比较喜欢生物学的话,不难发现,果蝇这种小虫子对生物学的发展做出了巨大的贡献。它们是实验室里的常客和"金牌配角"。在帕金森病、阿尔茨海默病、酒精中毒和药物上瘾等领域的研究中,果蝇都扮演了重要的角色。

霍夫曼选择果蝇,是因为果蝇具有很强的固有免疫力。一丁点儿大的纤弱之躯整天跟细菌打交道,拿腐败的水果、蔬菜当乐园,却百毒不侵,身体倍儿棒,多强悍、多神奇呀!

霍夫曼也很强悍!他专注于一般人都嫌脏的果蝇,艰辛执着地研究了十几年,最终取得了非常重要的成果。他在果蝇身上发现一种叫作 Toll

布鲁斯·博伊特勒

的基因。当这种基因发生突变时，果蝇对抗细菌的能力大大下降。这说明，在果蝇的免疫系统中，Toll 基因起到十分重要的作用。

两年后，美国科学家布鲁斯·博伊特勒在小白鼠的身上也发现了 Toll 基因。不仅如此，博伊特勒还证明，这种基因可以"侦查"到细菌。它就是免疫系统的"哨兵"。

到目前为止，科学家已经发现了十多种类似的基因，它们各有所长，可以识别不同的细菌和病毒，在我们的免疫系统里充当"哨兵"。

　　霍夫曼和博伊特勒因此获得了 2011 年的诺贝尔生理学或医学奖。他们两个人共同分享了当年奖金的一半，另一半奖金则颁给了加拿大的一位生物学家拉尔夫·斯坦曼。为什么这么分配奖金呢？因为霍夫曼和博伊特勒发现的是固有免疫的"哨兵"，而斯坦曼发现的则是适应性免疫的"哨兵"。

　　1973 年，斯坦曼报告发现了树突状细胞。这种细胞不停地在我们的身体里巡行。当发现细菌或病毒的时候，树突状细胞会迅速将敌情报告给淋巴细胞，然后淋巴细胞出动，提枪跃马上阵杀敌。我们知道，器官

移植会带来人体的排异反应，也就是说，人体发现这个东西不是我们这儿的，会立刻拉响警报，组织打击。在这个过程中，也是树突状细胞吹响的集结号。

树突状细胞的发现为人类对抗疾病提供了新的思路。我们之所以把癌症视为绝症，是因为大多数癌症在早期不疼不痒，等到发现时，大多已是中晚期，治疗相当困难。如果可以在早期发现，癌症的治疗会容易很多。认识了树突状细胞，我们完全可以通过激活这类细胞，让免疫系统及早出击，掌握主动权，趁肿瘤立足不稳，歼敌于初起阶段。

要是按照这个思路，抗癌变得简单多了！然而，斯坦曼关于树突状细胞的研究起初并没有得到广泛的认可。他没有灰心丧气，不断地通过实验积累数据，最终拿出了富有说服力的成果。

拉尔夫·斯坦曼

第一位天国得奖者

斯坦曼的研究成果最令人动容的证据就是他自己。

2007 年，他被诊断患有胰腺癌。这是一种非常可怕的疾病，是绝症中的绝症，和肺癌一起，死亡率高居各种癌症之首。有资料显示，胰腺癌的一年存活率不到 10%。而斯坦曼在经历了手术、化疗等常规治疗之后，根据自己的研究成果，为自己设计了一套基于树突状细胞的治疗方法。

尽管这个疗法是试验性的，尚有很多不确定的因素，但它奇迹般地让斯坦曼多活了 3 年，直到 2011 年去世。

晚年，斯坦曼的研究成果已经在免疫学领域无人不知无人不晓，他本人也成为诺贝尔奖的热门人选。就在斯坦曼去世前的一周，当年的诺贝尔奖揭晓在即，他还对自己的女儿开玩笑地说："我认为我应当坚持活到那个时候，因为一旦死了，他们将不会颁奖给一个死人，因此我必须坚持住。"

谁知事与愿违，斯坦曼于 2011 年 9 月 30 日撒手人寰。3 天后，斯坦曼被宣布获得 2011 年的诺贝尔生理学或医学奖，当时，负责评选这个奖的卡罗琳医学院还不知道斯坦曼的死讯。

斯坦曼的辞世，给诺贝尔奖带来了一个不大不小的麻烦，因为众所周知，诺贝尔奖只颁发给活着的人。历史上，多位贡献巨大、成就杰出的科学家或学者，因为天不假年，而遗憾地与诺贝尔奖失之交臂。

这里面就有俄罗斯著名的化学家门捷列夫。1906 年，门捷列夫被提名诺贝尔奖，最终以 1 票之差输给了法国化学家莫瓦桑。人们都认为1907 年的诺贝尔化学奖非他莫属，他却在 1907 年 2 月 2 日去世，让诺贝尔化学奖的成果榜单永远地缺失了化学元素周期表。这是门捷列夫的遗憾，也是诺贝尔奖的损失。我国作家沈从文也在 1988 年被提名诺贝尔文学奖，并被视为获奖大热人选，却不幸因病于 1988 年 5 月 10 日去世，无缘诺贝尔奖。

经过紧急磋商，斯坦曼仍然被授予2011年诺贝尔生理学或医学奖，因为在评审过程中，斯坦曼还在世。诺贝尔委员会说："这一决定出于真诚的善意。"

两个月后，斯坦曼的夫人身着礼服代替斯坦曼领取了他的诺贝尔奖。斯坦曼成为历史上第一位身在天国的诺贝尔奖得主。

让我们衷心祈祷斯坦曼在天国安好！

期盼斯坦曼和同仁探索的免疫之路，能捍卫更多人的健康，让今后不再有正值盛年的人被疾病决绝地带走，与自己应得的荣誉、未尽的事业、难舍的亲人阴阳两隔。

❶ 朱尔斯·霍夫曼（1941—），法国生物学家，因发现先天免疫机制的激活因素而获得2011年的诺贝尔生理学或医学奖。

❷ 布鲁斯·博伊特勒（1957—），美国免疫学家和遗传学家，因发现先天免疫机制的激活因素而获得2011年的诺贝尔生理学或医学奖。

❸ 拉尔夫·斯坦曼（1943—2011），加拿大免疫学家和细胞生物学家，因发现树突状细胞和其在免疫系统中的作用而获得2011年的诺贝尔生理学或医学奖。

◆ 白细胞是血液中的一种细胞，有多种分类。白细胞的主要作用是吞噬细菌之类的致病微生物。白细胞是身体的卫士。

◆ 1933年，美国生物学家托马斯·摩尔根因发现染色体在遗传中的作用而摘取诺贝尔奖；1946年，美国生物学家赫尔曼·马勒因发现X射线能使基因突变而荣膺诺贝尔奖……他们的研究对象都是果蝇。

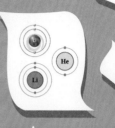

第6章

人造元素:

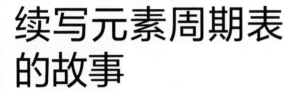

续写元素周期表的故事

什么是化学元素?化学元素对我们来说,其实并不陌生。低碳、补钙、氢气球、加碘盐,这些词我们早已耳熟能详。碳、钙、氢、碘都是化学元素。物质都是由原子组成的。原子和化学元素有什么关系呢?

我们都听说过煤矿、金矿、铁矿、铜矿……那也就是说,这些碳原子、铁原子都应该是自然界产生的。怎么还会有人造出来的呢?到底是谁有这么大的能耐?

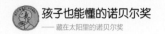

认识原子

宇宙间的万物，从遥远的星星到我们身边的种种事物，都是由原子组成的。原子是一种极其微小的粒子，别说用肉眼，就是用放大镜也看不到。这本书上一个小小的句号里，就能装下几百万亿个原子。

原子还不是最小的，原子里面还别有洞天。原子由原子核和电子组成。原子核又包括了质子和中子。质子带正电，电子带负电，中子不带电。

原子的种类很多，有好几百种。其实，你已经亲密地接触过一些种类的原子啦。比方说，水由氢原子和氧原子组成，铁锅主要由铁原子组成，前面提到的金刚石和石墨都由碳原子组成。那么问题来了：原子上面又没写字，里面就是些质子、中子、电子，还都小得看都看不见，我们怎么知道原子属于哪一种类呢？

科学家把质子数相同的原子叫作同一类元素。氢原子里有 1 个质子，碳原子的质子数是 6，质子数为 8 的是氧原子；要是数一数铁原子，会数出 26 个质子；如果发现原子有 79 个质子，那一定是金子，快！别让它

跑了！

　　这么一个一个地说，太零碎了，也不好记。别担心！科学家把元素都排列到一张元素周期表里，这样就清楚多了。所有的元素都按质子数排列，氢元素打头，质子数由小到大，一个接一个：氢、氦、锂、铍、硼、碳、氮、氧、氟、氖……看出来了吧？质子数很重要！它决定了元素排

在周期表里的位置，所以质子数也叫原子序数。就像篮球场上，科比·布莱恩特穿 24 号球衣；绿茵场上，C 罗是 7 号球员，我们也可以说，氢是 1 号元素，碳是 6 号元素，氧是 8 号元素……

这一章要介绍人造元素，紧随其后会介绍核裂变、核聚变。如果把它们比作高高的山峰，那么认识原子和化学元素就好比登山前的热身活动。知道了：

√ 物质是由原子组成的；

√ 原子里有原子核和电子，原子核里有质子和中子；

√ 质子数相同的原子被称为同一类元素。

下面我们就可以征服第一座高山了。说起人造元素，就不得不提到一个享誉物理界的名字——恩里科·费米，正是他第一个提出人造元素的设想。

怀疑自己"一只耳"的科学家

　　费米出生在意大利的首都罗马，从小就成绩优异，展现出非凡的数学和物理学才能。他酷爱读书，以至于中学时学业太超前，老师们都觉得没什么可教他的了，别人上课时，就让他在实验室里自己做实验。这样一位"牛"到没朋友的学霸，尽管青年时期已显露才华，却并不自信。

费米

他总觉得意大利的学术比德、英、法等国落后，自己在意大利胜人一筹，并不等于在世界上出类拔萃。他谦虚又幽默地比喻说，在一个全是聋子的国度里，仅长了一只耳朵的人，已经被认为听力很好了。他一心想着，要去"每个人都长了两只耳朵"的国家看看，以检验自己的"听力"如何。于是，他专程去德国访学一段时间，这才确信自己真的"长了两只耳朵"，而且"听力"不赖。

事实上，费米的"听力"何止不赖！他几乎精通当时所有的物理学分支，被誉为是世界上最后一个物理学全才。走进近代物理学的殿堂，以费米命名的概念和发现比比皆是：费米黄金定则、费米 – 狄拉克统计、费米子、费米面、费米液体、费米常数……第100号元素被命名为镄，也是在向他致敬。

然而，上面那一连串费米这、费米那的贡献，并没有送他登上斯德哥尔摩的领奖台，真正为他戴上诺贝尔奖桂冠的竟是一个结结实实的乌龙。

诺贝尔奖发错了

在费米生活的时代，化学家已经找到自然界中存在的 91 种元素，其中原子序数最大的就是第 92 号元素——铀。在元素周期表上，第 43 号元素以及原子序数大于 92 的元素，在当时一直没有找到。

费米在实验中发现了一个有意思的现象：当用中子去轰击原子核的时候，中子会被原子核吸收，而生成新的原子核。新的原子核往往不稳定，它会释放出一个电子，成为另外一种新元素的原子核，这种新元素的原子序数比被轰击的原子核的原子序数大 1。不仅如此，中子的速度越慢，轰击的效果会更好。

当时全世界的化学家都找不到新的元素了，而费米告诉大家：不怕！自然界里找不到，我们自己造。费米率先进行尝试，他用中子轰击铀，得到了疑似第 93 号元素的物质。

1938 年，费米因为中子轰击产生第 93 号元素而获得了诺贝尔物理学

奖。然而，包括费米本人在内的所有人都没有想到，仅仅几个月之后，实验室里出现了出乎意料的反转，费米刚到手还没焐热的诺贝尔奖章和证书面临非常尴尬的局面。

费米提出的理论，对科学家来说很有吸引力。当时很多人都在使用中子轰击铀，希望得到第 93 号元素。德国化学家奥托·哈恩就是其中之一。然而，哈恩并没有得到第 93 号元素，实验结果完全出乎意料，令他大惑不解。下一章将详细介绍哈恩的实验究竟得到了什么，这个"意外"很了不得！它揭开了原子核时代序幕的一角。

哈恩的实验结果在 1939 年 1 月发表。这个时候，费米刚刚领到了他的诺贝尔奖。

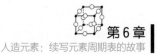

当费米看到哈恩的论文后，马上重复了哈恩的实验，也就是他自己在 1934 年做过的实验，得到了和哈恩同样的结果。这无情地宣布，把他送上诺贝尔颁奖台的实验结果竟然是错误的。诺贝尔奖发错了！自己在物理学上硕果累累，得诺贝尔奖的成果竟然是个乌龙！这对于 21 岁获得博士学位，25 岁当上教授，而立之年就成为国际著名理论物理学家的费米来说，无疑是相当难堪的。他坦率地承认并检讨了自己的错误，展现出一个科学家尊重事实、追求真理的磊落胸怀。尽管费米没有制造出第 93 号元素，但他关于核反应的理论和制造新元素的方法还是使得他的诺贝尔奖实至名归。费米提出的理论对人类产生了巨大而深远的影响。

人造元素登场

埃德温·麦克米伦

费米和哈恩没有做到的事情，美国化学家埃德温·麦克米伦做到了。

1940 年，利用费米的实验方法，麦克米伦在实验室中第一次制造出了第 93 号元素。麦克米伦用海王星（Neptune）的名字将这一元素命名为 Neptunium，中文名字是镎。镎是人类发现的第一种原子序数大于铀的元素。镎及以后被发现的一系列元素，被统一称为超铀元素。镎的同位素镎 -237 具有和铀 -235 相似的性质，也能用来制造原子弹。

随后，麦克米伦和另一位化学家格伦·西博格一起发现了第 94 号元素钚。钚的名气比镎要大得多，因为钚的同位素钚 -239 也是一种可以用于制造原子弹的材料，而且与镎 -237 和铀 -235 相比，钚 -239 更容易获得。美国第一批制造的三颗原子弹中，就有两颗是以钚 -239 为原料制造

的，其中那颗叫作"胖子"的原子弹被投在了日本的长崎市。现在，很多国家的核电站也在使用钚–239作为核燃料。它在一定程度上，可以缓解铀–235不足带来的问题。

就在人工制造出来不久，科学家在铀矿里发现了天然的镎和钚，使得地球上天然的元素增加到了94种。95号以后的元素，全是人类的杰作。

在成功制造出镎和钚以后，麦克米伦和西博格再接再厉，先后制造

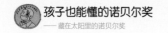
出了镅（95 号元素）、锔（96 号元素）、锫（97 号元素）等多种元素，他们二人也因为这些崭新的人造元素，获得了 1951 年的诺贝尔化学奖。

科学技术的发展当然不会因为获奖就画上句号。越来越多的元素被科学家在实验室中制造出来，截止到 2013 年 7 月，人类一共发现了 124 种元素。其中，第 119 号以后的元素，由于实验数据有限，并未被国际化学界予以承认。所以也有些书上说，人类一共发现了 118 种元素。

这些在实验室中制造出来的元素，大多是不稳定的放射性元素。以第 116 号元素鉝为例，它的寿命只有 0.06 秒。它的名字我们还没念完，它就已经一命呜呼了。

这样寿命短暂的元素，对我们能有什么用呢？从现在来看，确实有它们不多没它们不少，不过在人类的历史上，很多科学发现在相当长的一段时间里，都看不出用武之地，仅仅被供奉在教科书里。然而之后多少年，这些发现，抑或是发现中的某一环，或许会以我们难以预知的方式改变或影响世界。

恩里科·费米

大师费米

最后让我们把话题转回到故事的主人公费米身上。

1938 年，费米满心欢喜地带着全家去斯德哥尔摩参加诺贝尔颁奖仪式。而他的祖国，法西斯头子墨索里尼正在掌权，张牙舞爪。领奖后打算回国的费米，到意大利驻瑞典使馆办手续，一名使馆官员悄悄提醒他："您的夫人是犹太人，您何必还要回去？您为什么不去其他国家？"费米一听，恍然大悟，立刻前往美国驻瑞典使馆申请移民。美国驻瑞典使

馆的工作人员显然还不认识这位新科诺贝尔奖得主，傲慢地说："我们美国不接受智力不健全的人，您和您的家人明天必须来使馆接受智力测试。"费米还真是好脾气啊，第二天带着家人再次来到使馆。这次一进门，大使就迎上来了："费米教授，您不需要做智力测试了。我们马上给您和您的家人办理移民手续。"要是真给费米做智力测试，会"爆表"的吧？

那时费米一定没有料到，他的理论会导致原子弹的诞生。当第二次世界大战爆发的时候，已经成为美国公民的费米力主美国应该尽快制造原子弹。不过这位既能做理论研究，又能做实验的全能型"选手"，没有入选第一颗原子弹的研发阵容，因为他原本是意大利人，对美国人来说，就是从敌营那边来的。美国人还不是那么信任他。然而，是金子，总会发光！费米当然不会浪费自己的才华。他投身于核裂变和链式反应的研究，建立了世界上第一个可以实现链式反应的核反应堆，为原子弹的研制铺路架桥。作为"编外队员"，费米在原子弹的研制过程中，发挥了不可替代的作用。他与奥本海默一起，被誉为美国原子弹之父。

❶ 恩里科·费米（1901—1954），美籍意大利裔物理学家，因为证明了用中子轰击原子核可以产生新的放射性元素，以及慢中子更易引发核反应的发现，而获得 1938 年的诺贝尔物理学奖。

❷ 埃德温·麦克米伦（1907—1991），美国化学家，因发现超铀元素而获得 1951 年的诺贝尔化学奖。

❸ 格伦·西博格（1912—1999），美国化学家，因发现超铀元素而获得 1951 年的诺贝尔化学奖。

❹ 欧内斯特·劳伦斯（1901—1958），美国物理学家，因发明回旋加速器而获得 1939 年的诺贝尔物理学奖。

延伸阅读

◆这是诺贝尔奖历史上永远的遗憾：1905 年和 1906 年，俄国化学家门捷列夫都被提名诺贝尔化学奖，却最终落选。到 1907 年，门捷列夫已是诺贝尔奖大热人选，谁知他竟于当年 2 月与世长辞。诺贝尔奖的成果榜单永远地缺失了元素周期表。

◆尼普顿（Neptune）是罗马神话中海神的名字，手持一把三叉戟是他的招牌造型。海王星如海水般的蓝色，让人们把海神的名字送给了它。

第7章

核裂变：
一边是毁灭，
一边是福祉

1938 年，哈恩用中子轰击铀原子核，本想得到原子序号大一个数的元素，结果却出乎预料。期待中的 93 号元素的原子核没有出现，却意外得到了镧、钡等质量较轻的原子核。乱入的较轻的原子核到底是怎么回事？

1939 年，约里奥－居里夫妇发现核裂变中的链式反应。链式反应会释放惊人的能量，新的机会再次与危险同行。应用核裂变和链式反应，可以制造出原子弹，毁灭一切生命；也可以建设核电站，为人类造福。揭开这个秘密的科学家又会怎么选择呢？

在诺贝尔奖的历史中，有一些奖项对我们的生活产生了巨大的影响，有一些奖项虽然没有使我们当下的生活产生很明显的改变，却有可能影响未来。

本章要介绍的奖项，与其他的奖项稍有不同。它的成果已经对我们的世界产生了一定的影响，并且影响还在继续，也许在将来，它会产生更大的影响，尽管那会是所有人都不愿意看到的。这个举足轻重的奖项就是核裂变。

这么说，你可能一头雾水，核裂变是怎么回事？凭什么能惊动全世界？告诉你它的两个直接产物，你肯定会对它肃然起敬——一个是核武器，另一个是核电站。

奥托·哈恩

说好的 93 号元素呢？

前面一章讲了，费米用中子轰击原子序数为 92 的铀原子核，希望得到 93 号元素的原子核。

如果成功，那么这个实验仿佛是"上帝之手"，人工造出 93 号元素，多么诱人啊！不少科学家跃跃欲试。

可是谁能料到，德国科学家哈恩在实验中发现了一个意想不到的现象。

1938 年，哈恩和助手斯特拉斯曼一起，用中子去轰击铀原子核。铀的化学元素符号是 U，在元素周期表中排第 92 位，也就是说，它的原子序数是 92。铀是当时已经发现的原子序数最大的元素。在哈恩原本的计划中，这个实验的目的是得到原子序数为 93 的未知元素，结果却是镧（La）、钡（Ba）等原子核作为不速之客乱入！这些都是中等质量的原子核。本来想弄出比铀原子核更重的原子核，却得到一些"中不溜"的原子核，它们是从哪里来的？真奇怪！

万分想不通的哈恩将自己的实验告诉了另一位物理学家莉泽·迈特纳。第二年，迈特纳和自己的侄子弗里希提出了裂变理论。他们认为，意外得到的中等质量的原子核，是因为铀原子核在吸收了一个中子以后，分裂成两个原子核，并且在这个过程中释放出巨大的能量。

这就是核裂变！不止铀可以发生核裂变，其他一些原子核也可以发生核裂变。

在迈特纳提出裂变理论的同一年，也就是 1939 年，法国的约里奥 - 居里夫妇发现，铀原子核在吸收了中子并裂变以后，裂变产物中会出现新的中子，这些新的中子会引起更多的铀原子核发生裂变。更多的铀原子核发生裂变，会产生更多的中子，又引发新的裂变……这就有点像鸡生蛋、蛋生鸡。约里奥－居里夫妇把这个"裂变产生中子，中子引发裂变"的过程称为链式反应。每一次裂变都会释放出巨大的能量，链式反应则使得这种裂变不会停止。裂变一旦开始，将在短时间内释放出巨大的能量。原子弹就是这么回事！

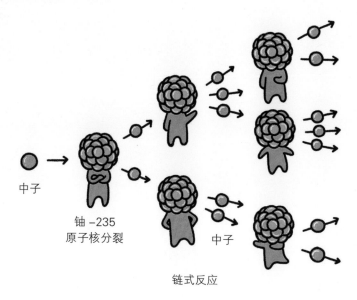

中子

铀 -235
原子核分裂

中子

链式反应

打开潘多拉魔盒

孤立地看哈恩、迈特纳、约里奥－居里夫妇的发现，它和实验室里的每一次发现没什么不同，都是科学的重大突破，是人类认识自然的又一次胜利。而把这件事和当时的时代背景联系起来看，它又无异于上天向人间丢下的一个潘多拉魔盒！

这是什么时候？ 1939 年！

1939 年 9 月 1 日凌晨，德国突然出动 58 个师、2800 辆坦克、2000 架飞机和 6000 门大炮，向波兰发起闪电式进攻。9 月 3 日，英法被迫对德宣战，第二次世界大战全面爆发。数周内，德军就攻陷了波兰全境，气势嚣张，剑指欧洲。

而在地球的另一端，震惊中外的卢沟桥事变已经发生两年，中国人民的抗日战争激战正酣。

就在这么一个亚欧大陆战云密布的时候，链式反应被发现了。据说，

弗雷德里克·约里奥 – 居里

伊雷娜·约里奥 – 居里

发现的当天晚上，弗雷德里克·约里奥 – 居里来到一家咖啡馆，内心既激动又矛盾。他清楚地知道，这对人类来讲既是机遇，又是挑战，因为链式反应会释放出巨大的能量。如果能用好这些能量，可以造福人类，而一旦变成武器，那么将是前所未有的恶魔！而最终，善良的科学家想到，火和电虽然也给人类带来过灾难，但更多的还是推进文明的发展，利大于弊。于是，他向世人公布了自己的发现。

　　设想是美好的，现实却是残酷的。当时大部分人知道这个重大发现后，首先想到的就是把这些能量用于战争——制造原子弹！

　　潘多拉魔盒被打开，魔鬼的翅膀伸出了一角。

　　1940 年，德军依仗闪电战的凌厉攻势，仅用 39 天就攻占了法国。5 月 14 日，纳粹的坦克骄横地驶过巴黎的凯旋门。为了不让德国人制造出原子弹，弗雷德里克·约里奥－居里把当时在法国能够搜集到的重水——一种制造原子弹的必备材料，全部转移到英国。而他自己毅然留在法国，投身于反法西斯的斗争。

　　大西洋的彼岸，和纳粹的"核赛跑"也打响了。美国政府从 1942 年开始实施"曼哈顿计划"，聚集了除德国外，西方世界的精英科学家和大批工程技术人员，包括多位诺贝尔物理学奖得主，由美国物理学家奥本海默领衔，研制原子弹。1945 年，世界上第一颗原子弹被制造出来，随后美国用原子弹轰炸了日本的广岛和长崎，迫使日本宣布无条件投降，结束了第二次世界大战。

1944 年的诺贝尔化学奖授予……哈恩！

集中营里的诺贝尔奖得主

诺贝尔奖评选在第二次世界大战期间被中断了。1945 年，德国投降后，诺贝尔奖评选才重新恢复。尽管美国人造出了原子弹，但真正拉开原子核时代序幕的人是哈恩。

　　1945 年 11 月 15 日，瑞典皇家科学院宣布：1944 年的诺贝尔化学奖授予哈恩。可他们怎么也联系不到这位科学家。这个时候，哈恩还被关着呢，因为他被扣上了"帮纳粹造原子弹"的罪名。哈恩是在英国农园堂集中营里，收听 BBC 的广播才得知自己获得诺贝尔奖的。

　　这真是冤枉哈恩了！他压根没有助纣为虐的想法，发现核裂变反应后，他说："我唯一的希望就是，任何时候也不要制造铀弹。如果有那么一天，希特勒得到了这类武器，我一定自杀。"

　　1946 年，哈恩获释，领取了自己的诺贝尔奖。

　　约里奥 – 居里夫妇曾经在 1935 年因为合成了新的放射性元素而获奖，他们并没有因为链式反应的发现而获得诺贝尔奖。

铸剑为犁做能源

硝烟散尽，干戈化为玉帛。人们开始思考：这么巨大的能量，不用来打打杀杀，用来发电不好吗？于是，升起过一团团蘑菇云的地球上，又陆续冒出一座座核电站。和原子弹一样，核电站里发生的是核裂变反应。人们靠减小参与核裂变反应的铀 −235 的总体积并在铀 −235 里掺杂其他物质等方式，降低链式反应的速度，从而让核裂变缓慢进行，能量缓慢释放，并将这些能量转化为电能。

说到核电站，我们最关心的是：它安全吗？虽说"核"放下了屠刀，人们却依然谈"核"色变。1986 年的切尔诺贝利核电站事故和 2011 年的福岛核电站事故让人心有余悸：核电站会不会就是个大号的原子弹啊？

绝对不会！

铀有 12 种同位素，其中能够发生链式反应的是铀 −235，而在自然界中存在的铀，大部分是铀 −238。铀 −238 好比"兔子急了才咬人"，让它发生核裂变的条件比较苛刻。一般情况下，它安静乖巧，不会轻易裂变。

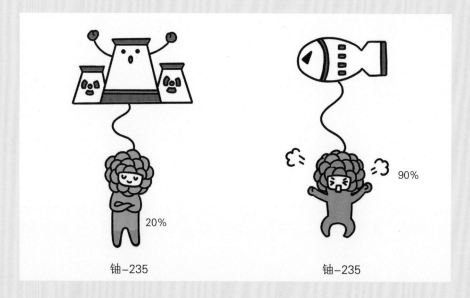

铀-235　　　　　　　　　　铀-235

原子弹和核电站使用的铀都是铀-235。

通常来说，自然界中开采出来的铀矿，铀-235所占的比例只有0.7%，其他的基本上都是铀-238。铀矿开采出来以后，不能直接送到核电站去发电，要先想办法把里面的铀-235提纯。这个过程被称为铀浓缩。

当铀-235的浓度达到3%以上时，就可以用来发电了。现在，世界上的大多数核电站所使用的铀，铀-235的浓度为20%左右。要制造原子弹，铀-235的浓度必须达到90%以上。可见，即使核电站发生事故，由于铀-235的浓度不够，也不会绵羊变暴龙，变身为原子弹。

切尔诺贝利核电站和福岛核电站的悲剧，主要原因都是人为操作失误，而核电站本身的设计还是相当安全的。我国和美国合作设计制造的AP1000型核电站机组，发生事故的概率仅为千万分之一，可以说是目前世界上最安全的核电站机组。

"核"是一个永远说不完的话题，无论是在科技界、政界，还是在民间。它的威力实在太大，大得吓人！1970年，《不扩散核武器条约》正式签字生效，人类开始限制以原子弹为代表的核武器的研发和生产。可以说，这是痛定思痛后的亡羊补牢，因为美国、俄罗斯等国已经生产出来的核武器，足够毁灭人类几十次了！也许是因为有了核武器，尽管这几十年来，局部的小打小闹一直没有消停过，大规模的世界大战、强国对决却没有再次出现。因为谁都知道，一旦动用核武器，后果就是毁灭！汉字中的"武"字，拆开来就是"止"和"戈"，意思是武学的本质不是恃强凌弱，而是凭借自己的武力阻止干戈，消解战争。这么说的话，原子弹倒是正符合中华武学的精神内涵。

我们希望，永远不要动用核武器，我们祈祷世界和平。

❶ 奥托·哈恩（1879—1968），德国放射化学家和物理学家，因发现重核裂变反应而获得 1944 年的诺贝尔化学奖。

❷ 弗雷德里克·约里奥－居里（1900—1958），法国物理学家，因发现人工放射性现象并合成放射性原子核而获得 1935 年的诺贝尔化学奖。

❸ 伊雷娜·约里奥－居里（1897—1956），法国物理学家，因发现了人工放射性现象并合成放射性原子核而获得 1935 年的诺贝尔化学奖。

❹ 莉泽·迈特纳（1878—1968），先后拥有奥地利、德国和瑞典国籍的女科学家，被爱因斯坦称为"德语世界的居里夫人"。迈特纳在核裂变的发现过程中居功至伟，却因为其女性和犹太民族的身份，被不公正地排除在诺贝尔奖名单之外。

◆ 约里奥－居里夫妇不是第一章中介绍的发现放射性现象以及镭和钋元素的居里夫人和她的丈夫，而是他们的女儿和女婿。"约里奥"是居里夫人女婿的本姓，和居里夫人的大女儿结婚后，为了表示对"居里"这个姓氏的尊重，他把自己的姓改为"约里奥－居里"。

第8章

核聚变：
太阳内部的秘密

太阳时时刻刻散发光和热，才有地球上的万物生长。你有没有想过：太阳的巨大能量究竟来自哪里？

我们已经知道，大质量的原子核可以裂变成中等质量的原子核。小的原子核也可以聚合在一起，并且释放出巨大的能量。是不是随便两个原子核都能聚合在一起呢？就像不是任意两块拼图碎片都可以拼在一起一样，也不是任意两个原子核都能聚合在一起。什么样的原子核能聚合在一起？这样的聚合需要什么条件？

上一章介绍了核裂变，核裂变就是重的原子核分裂成轻的原子核。这一章我们将探索一个相反的过程——核聚变，就是轻的原子核聚合在一起，成为一个重的原子核。

这样也行？

话说天下大势，分久必合，合久必分，怎么原子核也能重的分裂成轻的，轻的聚合成重的呢？当然，原子核不是橡皮泥，轻轻松松就能把一块揪成两块，简简单单又能把两块捏合成一块。不是所有的重核都能发生核裂变，也不是所有的轻核都能给"捏"在一起。

谁能发生核聚变？

大个头都有自己的脾气，不容易合群。要说聚拢在一起，肯定是小不点儿最容易。

遍寻自然界所有的原子核，最轻、最小的就是氢原子核。氢原子核里有 1 个质子，没有中子。它是宇宙中唯一一种没有中子的原子核。其他的原子核里，都有质子和中子。

我们先开个脑洞：要是弄两个氢原子核，让它们聚在一起，就会得到 2 个质子和 0 个中子的"核"——这妥妥地就是自然界中的怪胎！没有这样的原子核。在通常情况下，这种事不会发生。

噢！原来聚变生成的原子核，不能没有中子。索性我们再把脑洞开得大一点！假设氢原子核里有 1 个质子和 1 个中子，那么两个氢原子核发生聚变，就会得到 2 个质子和 2 个中子的核——咦？这不就是氦原子核吗？

耶！这样就能发生核聚变啦！

别高兴得太早！再好好看看元素周期表，打头的是氢，有 1 个质子和 0 个中子，第二位就是氦，有 2 个质子和 2 个中子。沿着刚刚开的脑洞，我们愣是给氢原子核找了个"兄弟"。按前面讲过的，1 个质子和 1 个中子，这应该是氢的同位素。可是，有这玩意儿吗？

哈罗德·克莱顿·尤里

发现重氢

有人说有！美国加利福尼亚大学教授吉尔伯特·路易斯预言氢有同位素，并且说这种同位素原子核的质量是氢原子核质量的 2 倍。

你说有就有啊？那我还预言这个世界上有孙悟空呢！科学上做出的预言，固然需要敏锐的眼光、深邃的思想，更需要证据。有实验验证，人们才能接受。科学是求真的。氢存在同位素，能够被验证吗？

路易斯教授的一名学生默默地记住了老师的预言。他叫哈罗德·克莱顿·尤里。

尤里出生在美国的印第安纳州，童年时家里并不富裕。1911 年，尤里中学毕业，由于没有钱，没法进入大学深造，不得不先在一所乡村学校当教师，积攒学费。3 年后，尤里如愿以偿地上了大学。刚开始的时候，他学习的专业是动物学，很快转行学习化学。

获得博士学位后，尤里前往丹麦，追随物理学家尼尔斯·玻尔。20 世纪 20 年代到 60 年代，哥本哈根几乎可以说是全世界物理学"版图"中的"首都"。一代大师玻尔是 1922 年的诺贝尔物理学奖得主，建树非凡。他领导的哥本哈根理论物理研究所是当时备受瞩目的物理学研究圣殿，涌现了众多优秀的物理学家。从这里先后走出多位诺贝尔奖获得者，尤里就是其中之一。

在 20 世纪 30 年代以前，人们陆续发现很多元素的同位素，就是没有发现氢的同位素。路易斯教授的预言一直激励着尤里去寻找氢的同位素。1931 年，尤里设计了一个很巧妙的实验，证明了氢的同位素——重氢的存在。重氢的原子核有 1 个质子和 1 个中子，好似氢原子核的"兄弟"。

随后不久，科学家又发现了氢的另外一种同位素——氚。猜也猜得出，氚核里应该有 1 个质子和 2 个中子。

　　根据尤里的建议，人们把重氢命名为 Deuterium（希腊语里"第二"的意思）。汉字象形表意的特点在氢元素同位素的命名上，更是表现得淋漓尽致，令人忍俊不禁：上面顶着个"气"帽子，下面是"一二三"，一目了然。

piē	dāo	chuān
氕	氘	氚
1个质子0个中子	1个质子1个中子	1个质子2个中子

威力巨大的氘核聚变

同位素多着呢！光是碳原子就有 15 种同位素。发现同位素的人也多着呢！除了最早提出同位素概念的英国化学家索迪获得了诺贝尔奖，众多同位素里，唯独重氢，也就是氘的发现者获得了诺贝尔奖，因为氘的发现大大推动了原子科学的研究，引发的直接结果惊天动地！

当两个氘原子核碰到一起的时候，它们很容易发生核聚变反应，生成一个氦原子核，并释放出巨大的能量。氢弹里面发生的就是这回事。

你一定听说过"两弹一星"吧？"两弹"指的是哪两弹？其中一弹指的是导弹，另一弹指的就是核弹，即原子弹和氢弹。原子弹利用的是核裂变反应，而氢弹利用的则是核聚变反应。原子弹和氢弹都属于核武器，由于核反应的原理不同，所以爆炸的威力也有所区别。

氢弹内部填充了很多氘原子（准确地说是氘化锂），在这些氘原子的外面包裹着一个原子弹。当外围的原子弹发生爆炸时，会瞬间释放巨

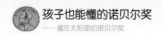

氢弹
1

原子弹
500

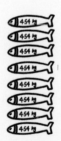

战斧式巡航导弹
2000 万

大的热量和压力，里面的氘原子核被强力地挤压到一起，从而发生核聚变反应，释放出更多的能量，产生更剧烈的爆炸。

1952 年 11 月 1 日，世界上第一枚氢弹在太平洋的埃内韦塔克环礁上爆炸，它的威力是轰炸广岛的原子弹的 500 倍！继美国之后，苏联、英国、中国、法国等国陆续掌握了制造氢弹的技术。原子弹就够厉害的了，又有了氢弹，那不是意味着地球时刻头悬利剑，被笼罩在灭顶之灾的阴影中吗？所幸的是，到目前为止，研制出来的氢弹都还只是用来震慑对手，真打起仗来，还没有人敢用氢弹。

新能源之路

人类发现了核裂变反应之后，除了制造原子弹，还建设了核电站。那么，核聚变反应能释放巨大的能量，可不可以也用来发电呢？以目前的技术，还不行。

主要原因是氘原子核不想往一块儿凑！要想发生核聚变，必须把两个氘原子核捏到一起，但由于氘原子核之间存在非常强大的排斥力，想把它们捏合在一起非常困难。

在氢弹中，我们可以来个"牛不喝水强按头"——靠外围原子弹爆炸的巨大能量硬把氘原子核聚合在一起。氢弹毕竟是用于战争嘛，来点狠的无可厚非。可在民用核电站中，就不能用这么暴烈的手段了。难道核聚变反应产生这么巨大的能量，只能用于制造核武器，放在那里吓唬人吗？不能这样！科学家还在积极地想办法。2006 年，我国与欧盟、印度、日本、韩国、俄罗斯和美国共同签署了"国际热核聚变实验堆计划"协定，集中全世界最顶尖的科学家来研究核聚变反应，希望找到恰当的方式使用核聚变的能量为人类造福。

畅想一下吧，一旦我们可以利用核聚变反应来发电，那么困扰人类的能源问题将得到彻底的解决。地球上的氘资源是取之不尽、用之不竭的，海水里就蕴藏着大量的氘。如果能把海水中的氘都提炼出来，核聚变为氦，那将是多大的能量啊！粗略估算，可以供地球人用上好几十亿年！到那时，我们再也不用为石油会用完、天然气储存量不足、烧煤烧炭会产生雾霾等诸如此类的化石能源面临枯竭、导致环境污染的老问题而忧心啦。

太阳内部的秘密

虽说在地球上要发生核聚变反应千难万难，但是在宇宙中，核聚变反应是家常便饭。在太阳以及其他恒星中，无时无刻不在发生核聚变反应。

那就是说，太阳里有很多的氘喽？准确地说，是有很多氢。

氢原子核之间同样存在很强的排斥力，我们人类要想征服这种排斥力，就是使出九牛二虎之力都远远不够，那得动用原子弹。可太阳想要收拾它们，小菜一碟！太阳表面的温度大约 6000 摄氏度，内部的温度约有 1500 万摄氏度。令人咋舌的高温和高压足以克服氢原子核之间的排斥力，把氢原子核捏到一起，产生核聚变反应。

太阳和地球之间的平均距离大约为 1.5 亿千米。1.5 亿千米之外，太阳内部发生的事情，地球上的人是怎么知道的呢？

告诉我们这个壮丽的宇宙故事的人是汉斯·贝特。

贝特出生在德国，和前面介绍过的迈特纳一样是犹太人。为了躲避纳粹的迫害，1935 年他移民到了美国。贝特为我们揭示了核反应的原理，建立了原子核内部结构和核反应的理论，并在此基础上阐述了恒星中发生的核反应。他因此获得了 1967 年的诺贝尔物理学奖。

太阳内部的核聚变反应非常复杂，不仅仅是氢原子核，碳原子核、氧原子核都参与了这个反应。贝特的贡献就在于发现了太阳内部的碳循环。太多复杂的核反应，我们还学不了。我们只要知道太阳内部"烧氢变氦"就可以了：经过一系列复杂的核聚变反应，最终 4 个氢原子核聚变生成 1 个氦原子核，并释放出巨大的能量。

这些能量使得身处太阳系中心的太阳不断发光、发热，光芒万丈，耀眼夺目。离太阳最近的水星，朝向太阳的一面炙热无比，温度高达 400 多摄氏度，足以让金属熔化；远离太阳的冥王星，冰冷暗弱，终年零下 200 多摄氏度，犹如幽闭于地府的冥君。太阳系里大大小小的天体全仰仗太阳光的照耀。人们说"近水楼台先得月"，月亮发出的光实际上是它反射的太阳光。太阳的光和热有一小部分来到 1.5 亿千米之外的地球，让这颗蔚蓝色的星球拥有多彩的四季并冷暖适宜，进而生长出繁茂的植物和飞禽走兽。"向阳花木易为春"，70 多亿人类安居于地球上，世世代代繁衍生息。

太伟大！太奇妙了！

延伸阅读

❶哈罗德·克莱顿·尤里（1893—1981），美国化学家、物理学家，因发现氢的同位素氘而获得 1934 年的诺贝尔化学奖。

❷汉斯·贝特（1906—2005），美籍犹太裔天体物理学家，因对核反应理论的贡献，特别是关于恒星内部核反应的研究而获得 1967 年的诺贝尔物理学奖。

❸尼尔斯·玻尔（1885—1962），丹麦物理学家，量子力学哥本哈根学派的创始人。他因原子结构和原子光谱方面的成就，获得 1922 年的诺贝尔物理学奖。他的儿子阿格·玻尔因为原子核理论方面的贡献，获得 1975 年的诺贝尔物理学奖。

❹吉尔伯特·路易斯（1875—1946），美国化学家。他第一个提出原子价电子理论，光子的概念也源于他。他一共培养了 5 位诺贝尔化学奖得主，自己 41 次被提名却全部落选。

◆水由氢和氧两种原子组成。如果把水中的氢替换为重氢，这样的水就称为重水。重水是重要的核原料，可以控制核反应的速度，在核试验中不可或缺。第二次世界大战爆发后，为了不让德国人制造出原子弹，弗雷德里克·约里奥－居里紧急把当时在法国能够搜集到的重水全部转移到了英国。

◆"两弹一星"，"两弹"指的是导弹和核弹，"一星"指的是人造卫星。1960 年 11 月 5 日，我国第一枚近程导弹发射成功。1964 年 10 月 16 日，我国第一颗原子弹爆炸成功。1970 年 4 月 24 日，我国第一颗人造地球卫星发射成功。

第**9**章

超导体：
低温下的奇迹

电阻是什么？电阻是阻碍电流通过的"强硬"程度。

宇宙中的低温有一个极限——零下 273.15 摄氏度，即绝对零度。

1911 年，被人叫作绝对零度先生的荷兰科学家卡末林·昂内斯发现，接近绝对零度时，导体的电阻变为 0，从而变成超导体。

没有比零下 273.15 摄氏度更低的温度了吗？

卡末林·昂内斯为什么被人叫作绝对零度先生？

绝对零度下，电阻去哪了？为什么会有超导体？

　　如果说人造钻石是高压下的华丽造梦，那么超导体则是低温下的奇迹。如果说人造钻石经过170多年前赴后继的探索，现在已经毫无秘密，那么超导体被发现至今，足足过去100年，人们还没有完全揭开它神秘的面纱。超导体的神奇超能力中，还隐藏着人们无法破译的密码。然而，阻力有多大，魅力就有多大！超导体一直闪耀着诱人的光芒，即便被它弄得疑惑不解、徘徊不前，科学家也热情不减。从一开始发现超导体起，科学家就开了一个接一个的脑洞：哇！这东西要是真能用上……啊！画面太美了……啊！

卡末林·昂内斯

绝对零度先生

1911 年，就是我们中国爆发辛亥革命的那一年，大清王朝被推翻。而在地球的另一端，相距 10000 多千米的荷兰，有一位物理学家也弄出一件很轰动的事！他不是把皇帝赶跑了，而是把电阻赶跑了。这个人名叫卡末林·昂内斯，人们后来开玩笑地叫他绝对零度先生。

为什么呢？

昂内斯的主业并不是研究电阻，他是研究低温的。温度是最基本的物理量之一，人体的温度大约为 36 摄氏度，水结冰的温度是 0 摄氏度。

冬天天气冷的时候，我国北方的气温大概会降到零下十几摄氏度甚至零下二十几摄氏度。在地球上的自然环境里，最冷的地方出现在南极，低至零下90多摄氏度。简直想都不敢想，那不是要把人冻成冰棍吗？不过，这些在昂内斯眼里都太小儿科了！他还要更低温，更低，更低，更低。他想知道最低的温度是多少，他要设法达到那个低得不能再低的温度。他很好奇，在极度低温的条件下，各种我们熟悉的东西会发生什么不可思议的改变，有什么意想不到的能耐。

在那个时候，实验室里所能达到的最低温度是零下196摄氏度。这个温度可以使氮气变为液体，所以被叫作液氮温度。

要达到比液氮温度更低的温度，说起来容易，做起来困难重重。

首先，在液氮温度下，还能以气体状态存在的就只有氢气和氦气了。其他的气体，比如氧气、氯气，早就变成液体了，而要想得到纯净的氢气和氦气并不容易。

其次，在当时的条件下，压缩气体也绝非易事。把一件羽绒服压缩成小小的一团还要使把力气呢，想要压缩气体，没有能量哪行啊！昂内斯得先在实验室里造一个发电机，以输送源源不断的电力。

逢山开路，遇水搭桥。经过细致完善的准备，昂内斯在 1906 年成功液化了氢气。1908 年，他又液化了氦气，达到了零下 269 摄氏度的低温；随后又进一步把温度降到了零下 272 摄氏度。

1912 年，德国物理学家能斯特提出，宇宙中的最低温度是零下 273.15 摄氏度，没有更低的温度了。这个温度被称为绝对零度。昂内斯在实验室里达到的温度已经非常接近绝对零度了，这非常了不起，所以他被人称为绝对零度先生。

低温下的奇迹

在达到这样的低温之后，昂内斯开始研究不同的物质在低温下的性质。

1911 年，昂内斯发现，当把温度降到零下 269 摄氏度以下时，水银的电阻突然降为 0，这个现象出乎意料。进一步的实验发现，不仅仅是水银，锡、铅等金属也有类似的表现。昂内斯把这种性质叫作超导电性，把电阻为 0 的物体叫作超导体，而让电阻突然降为 0 的温度，他称为临界温度。

超导体的出现轰动一时。平时电阻固守阵地，甭管人们多烦它，就是撵不走它。可在低温下，竟然连个招呼都不打，电阻瞬间消失，这件事本身就让在各种实验中被电阻带来的麻烦事搞得头大的科学家激动不已。不仅如此，超导体在通电时还有与众不同的磁效应。一时间，刚刚问世的超导体成了大家眼里的宠儿，谁都觉得它能用的地方太多了！它太有前途了！

昂内斯因在低温物理领域的贡献而获得 1913 年的诺贝尔物理学奖。

电阻惹谁了？

暂停！我们暂且不管科学家如何兴奋，先搞清楚电阻是什么，电阻怎么惹着人了？

说白了，电阻就是阻碍电流通过的"强硬"程度——不许通过！就是不许通过！与电阻相反，允许电流通过的"宽容"程度——通过吧，通过吧！快通过吧！用科学家的话来说，就是导电能力。各种各样的物质，它们的导电能力是不一样的。根据物质的导电能力，人们把物质划分为导体、半导体和绝缘体。

导电能力好的物质被称为导体，所有的金属、自来水、人体等都是导体。导体的电阻很小。

不能导电的物质被称为绝缘体，塑料、橡胶、玻璃等都是绝缘体。绝缘体的电阻很大。

导电能力介于导体和绝缘体之间的是半导体，硅就是典型的半导体。半导体嘛，电阻比绝缘体小很多，比导体大不少。

绝缘体　　　　　　　　　　　半导体

导体　　　　　　　　　　　　超导体

　　前面说了，超导体的电阻为 0。如果说半导体是导体界的菜鸟，那么超导体就是导体界的超人。

　　要说电阻，也是万万不可少的，它是我们的安全守护神。要不是绝缘体的电阻很大，把电流挡得无法越雷池一步，咱们早就被电死了! 包裹电线的胶皮、插头的橡胶部分、插座的表面都是绝缘体，它们仿佛是

拦洪大坝，不让里面的电跑出来电到人。而电线里面的金属就是导体，电流要从它们身上通过，电阻越小越好。

尽管已经挑了电阻很小的铜和铝来做电线和各种电路器件，但它们的电阻并不是 0，多多少少还是有阻力的。通电时，由于电阻的作用，物体会发热，这被称为电流的热效应。在大部分情况下，电流的热效应很招人讨厌！电脑过热，会造成死机；电视过热，会影响画面效果；台灯过热，会让人写作业的时候汗流浃背……不仅如此，电流的热效应还会造成电能的大量浪费。地球上的能源本来就不够用，我们自然希望想点办法，减少因为电流的热效应造成的能源浪费，那就要降低电流的热效应。

那么，怎么能降低电流的热效应呢？最简单的办法是降低物质的电阻。而电阻是物质最基本的属性之一，换句话说，电阻天生就存在。你想要电阻给你安全防护，保护你不被电到，电阻就得坚守岗位；你不需要的时候，就想让电阻无影无踪，哪有那么便宜的事？

明白了吧？昂内斯发现低温下电阻瞬间降为 0，这件事是多么令人激动和兴奋！

为什么会有超导电性？

　　超导体被发现以后，物理学家都无法淡定了。实验物理学家开始忙着一个接一个地试验各种材料，希望找到新的超导体；而理论物理学家则开始飞快地思考：为什么会有超导电性？电阻突然降为 0 的背后有什么原理？

这厢，实验物理学家进展神速。很多物质都被证明存在超导电性，这些物质的临界温度都和水银差不多。那厢，理论物理学家愁眉苦脸。电阻突然降为 0，这是为什么呢？不知道。

"这是理论物理学家的耻辱！"约翰·巴丁就对这种情况看不下去。对！就是发明晶体管三剑客之一的巴丁。1951 年，巴丁离开了自己留下辉煌篇章的贝尔实验室，前往伊利诺伊大学任教。而早在这之前，巴丁就对破解超导电性的奥秘磨刀霍霍了。

1953 年，一个叫约翰·施里弗的小伙子来到伊利诺伊大学，在巴丁的指导下攻读物理学博士学位，他的研究方向就是超导电性。随后，在杨振宁的推荐下，另外一个刚刚博士毕业的年轻人利昂·库珀也加入了这个团队，共同向超导难题发起冲锋。

1956 年，巴丁因为参与发明晶体管，获得他人生中的第一个诺贝尔奖。据说，在巴丁去领奖之前，他和库珀、施里弗进行了一次关于超导电性的讨论，提出了一个看上去有望解决这个难题的思路。随后，巴丁就登上飞往斯德哥尔摩的班机，而擅长数学的库珀和富有冒险精神的施里弗则开始了艰苦的计算。

最终他们提出了一个石破天惊的理论，以巴丁、库珀、施里弗三个人的姓氏首字母命名，叫作 BCS 理论。BCS 理论很好地解释了超导电性产生的原因，而巴丁时隔 16 年，再次获得诺贝尔物理学奖。巴丁是迄今为止唯一一位两次获得诺贝尔物理学奖的科学家。

不得不遗憾地告诉你，BCS 理论相当复杂，需要很多高深的数学和物理知识才能理解，要到大学时才能学到。我们现在知道它，就很不简单啦！另外，BCS 理论只适用于解释金属的超导电性，对于下面即将介绍的这种超导体，BCS 理论无能为力。

陶瓷超导体

当理论物理学家凯歌高奏的时候，实验物理学家却遇到了瓶颈。尽管很多材料被证明存在超导电性，但它们的临界温度实在太低，神奇的超导电性只能在实验室里实现，无法在现实中应用。难道被寄予厚望的超导体，就真的像一幅画似的只能挂在墙上看看吗？

人们希望寻找临界温度比较高的超导材料，却一直没有收获。

1986年，德国物理学家约翰内斯·贝德诺尔茨和瑞士物理学家卡尔·米勒突破了人们搜寻的视野，也突破了人们认知的边界。他们发现一种陶瓷材料具有超导电性！要知道，陶瓷在常温下是绝缘体，根本不导电。能想到给陶瓷发一张"外卡"，让它们进入超导实验，本身就够大胆的！贝德诺尔茨和米勒的创新思维让他们踏入了一块新大陆。

尽管这种材料的临界温度是零下240摄氏度，和之前发现的超导体相比，临界温度没有提高，但它的意义在于，它开拓了人们的视野。很快，我国科学家赵忠贤将临界温度提高到了零下183摄氏度。到1987年底，

这一温度纪录已经被提高到了零下 148 摄氏度。

一年多的时间里，临界温度被提升了近 100 摄氏度。1986 年到 1987 年间，超导体成为科学界的超级明星，令人瞩目。贝德诺尔茨和米勒因此获得了 1987 年的诺贝尔物理学奖。

现在，超导体临界温度的记录是零下 135 摄氏度，同样是一种陶瓷材料，是在 1993 年创造的。

转机就在迷雾中

人们期待陶瓷超导体的临界温度不断飙升，一直升到室温，然后就可以轰轰烈烈地投入应用，然而这个美好的设想并没有变成现实。陶瓷超导体一度像超新星爆发，又归于暗淡。在随后的 20 多年里，超导体的研究再次陷入停滞不前的状态，科学家再也没有发现临界温度更高的超导体材料。超导体的应用还是镜花水月。难道超导体的临界温度已经达到极限了吗？人们热切期盼的超导体就只能供奉在实验室里吗？

徘徊了将近 30 年，酝酿了将近 30 年，新的惊喜来了！2014 年，一个德国的研究小组发现，用红外激光照射某种陶瓷材料时，在很短的一瞬间，这种陶瓷材料变成了室温下的超导体。

这又是一个新思路。当我们弄清楚在受到激光照射时，这种陶瓷材料内部的结构发生了什么变化，那就意味着，我们与室温超导体的距离将无限接近。到那时，超导磁悬浮列车、超导电线将不再是梦，你甚至可以用超导磁悬浮技术在白云上酣睡，那是何等的惬意和美妙！

❶ 卡末林·昂内斯（1853—1926），荷兰物理学家，因液化了氦气，以及在低温领域做出的贡献而获得 1913 年的诺贝尔物理学奖。

❷ 约翰·巴丁（1908—1991），美国物理学家，因发明晶体管而获得 1956 年的诺贝尔物理学奖，因提出超导电性的 BCS 理论而获得 1972 年的诺贝尔物理学奖。

❸ 约翰·施里弗（1931—），美国物理学家，因提出超导电性的 BCS 理论而获得 1972 年的诺贝尔物理学奖。

❹ 利昂·库珀（1930—），美国物理学家，因提出超导电性的 BCS 理论而获得 1972 年的诺贝尔物理学奖。

❺ 约翰内斯·贝德诺尔茨（1950—），德国物理学家，因发现陶瓷材料中的超导电性而获得 1987 年的诺贝尔物理学奖。

❻ 卡尔·米勒（1927—），瑞士物理学家，因发现陶瓷材料中的超导电性而获得 1987 年的诺贝尔物理学奖。

◆ 居里夫人因发现放射性物质和发现并提炼出镭和钋，荣获 1903 年的诺贝尔物理学奖和 1911 年的诺贝尔化学奖。英国生物化学家桑格因为发现胰岛素分子结构和确定核酸的碱基排列顺序及结构，分别获得 1958 年和 1980 年的诺贝尔化学奖。美国物理学家巴丁因发明晶体管和提出超导 BCS 理论，分别获得 1956 年和 1972 年的诺贝尔物理学奖。美国化学家鲍林因为将量子力学应用于化学领域并阐明了化学键的本质，并致力于核武器的国际控制并发起反对核实验运动，荣获 1954 年的诺贝尔化学奖和 1962 年的诺贝尔和平奖。

第10章

端粒和端粒酶：
真能长生不老吗？

每个人的生命都开始于一个细胞。一个成年人大约有40万亿~60万亿个细胞。这么多的细胞是从哪里来的？答案是细胞分裂。产生的新细胞，要和原来的细胞一样，染色体复制环节要非常精确才行。如果新细胞和原来的细胞不同，会怎么样？又是谁来确保复制不出错的？

科学家发现，端粒能确保染色体复制时不出错，而端粒的长度决定了细胞分裂的次数，端粒酶是控制端粒长度的物质。为了延长我们的寿命，端粒可以变长一些吗？

端粒酶在哪类细胞中表现活跃，给人类的健康和长寿带来了哪些挑战？

在讲干细胞的时候，我们提到了细胞的分裂。在细胞分裂的过程中，有一个环节极其重要，非常关键，那就是染色体的复制。染色体存在于细胞核中，它载有生命体的遗传信息，也就是我们常说的基因。在显微镜下，染色体呈圆柱状或杆状。

1879 年，德国生物学家华尔瑟·弗莱明在研究细胞的时候，发现细胞核中有一种丝状的东西很容易被染料染上颜色。于是，他把这种东西称为染色体。一开始，染色体并未引起人们的重视。可在随后的研究中，美国科学家托马斯·摩尔根发现，染色体不得了！它携带了生命体的遗传基因，是生命能够不断生长、进化的关键！于是，很多生物学家开始研究染色体和基因，一方面成果不断涌现，另一方面新的课题和未解的谜题也层出不穷。

复制出错会怎样？

染色体由 DNA 和蛋白质组成，其中 DNA 是遗传信息的载体。

任何一种生命体，细胞内的染色体数目都是固定不变的。比方说人吧，人类细胞中有 46 条染色体，这些染色体两两配对，组成 23 对。这 23 对染色体包含的基因囊括了一个人所有的生命信息。其中最著名的无疑就是第 23 对染色体。它们决定了一个人是男还是女，被称为性别染色体。组成这对染色体的两条染色体分别被用 X 和 Y 来标识。男孩的细胞里有一条 X 染色体和一条 Y 染色体，而女孩的细胞里有两条 X 染色体。

和指纹一样，每个人的染色体都不一样，没有任何两个人具有完全相同的染色体。子女的染色体是从父母那里继承的，通常人体内的 46 条染色体，有 23 条来自父亲，23 条来自母亲。这也是子女在很多地方与父母很像的原因。

细胞在分裂的时候，首先要进行的就是复制染色体。

"复制"说起来容易，做起来绝不可掉以轻心。请回想一下，我们在生活中复制任何东西，都要小心翼翼，保证副本和原件一模一样。就算有科技含量很高的复印机帮我们完成，我们还要检查一下呢，是吧？如果原件摆放不当，就可能有一部分字没印上，那可糟糕了！

同样的道理，染色体的复制要保证相当准确，因为如果复制出来的新染色体与老染色体有很大的差别，那么新长出来的细胞也一定和老细胞有很大的差别。这可不是闹着玩的！为什么这么说呢？假如原来的细胞是我们讲过的可以杀灭入侵细菌的白细胞，而新生的细胞和老细胞来了个"大变脸"，变得很不一样，怎么能保证新细胞还能识别细菌、消灭细菌呢？"祖传"的本领就这样失传了！那肯定不行。如果每一次细胞分裂，就诞生一个完全不一样的细胞，那么生命的发展就完全不受控制了，会变得很疯狂——小猫长着长着，长出一只鹿角，还长在后背上了！小鱼长着长着，冒出一对蝴蝶的翅膀；人长着长着，脸上长出一个猪鼻子……呃，那成猪八戒了。是啊，这样由完全不确定的新细胞组成的生命，很有可能就是传说中的怪物，很惊悚！

伊丽莎白·布莱克本

复制不出错，头戴安全帽

自然界当然不允许出现怪物，所以染色体的复制一定要精确。小小的细胞是如何保证染色体的准确复制的呢？有质量监督员——端粒。

端粒长在染色体的末端，是染色体的一部分，就像染色体戴的小帽子一样。这顶"帽子"一不遮阳，二不挡雨，就管一件事：抓生产安全！端粒本身没有任何基因功能，它的职责是保证染色体复制时不出错。

早在 20 世纪 30 年代，端粒就已经被发现，可当时的人们不知道染色体戴这么一顶小帽子有什么用。美国科学家伊丽莎白·布莱克本和杰克·绍斯塔克在研究中发现，原来这是一顶"安全帽"。

杰克·绍斯塔克

　　布莱克本出生在澳大利亚，毕业于英国的剑桥大学。也许是受了当医生的父母的影响，布莱克本选择的专业是研究人体细胞内的物质。她的合作者绍斯塔克则是遗传学领域的专家，他制造了世界上第一个酵母菌人工染色体。他们两个人在研究中发现，端粒中有一段很独特的DNA序列，这段DNA序列保证了染色体在复制的时候不会出错。

生命时钟

进一步的研究表明，端粒的长度并不固定，细胞每分裂一次，端粒的长度就会缩短一些。当端粒短到不能再短的时候，这个细胞就无法继续分裂，不再产生新细胞，也就是说，这个细胞只能默默地等待死亡。

大量细胞的死亡，是生命体衰老的本质原因。而发现了端粒的作用，让我们认识到究竟是什么让皱纹悄悄爬上人的眼角，让青丝变成了白发。端粒被科学家称为"生命时钟"。

既然这样的话，我们当然希望端粒长点，长点，再长点……如果端粒长一些，是不是就可以延缓人类的衰老呢？布莱克本的学生，美国分子生物学家卡罗尔·格雷德在实验室中发现了一种叫作端粒酶的物质。端粒酶的主要作用就是调节端粒的长度，让端粒变长。

太好了！中国古代的炼丹师千方百计想制出长生不老的仙丹，原来"仙丹"就在我们身上，就是细胞里的端粒酶。奔跑吧，端粒酶！工作吧，端粒酶！让我们的端粒变长，变长，变得更长……那样我们就能长生不老，与日月同辉啦……

想得太美啦！在人体的绝大多数细胞中，端粒酶很不争气，很懒，基本不工作，眼睁睁地看着细胞在不断的分裂中慢慢变老，直至死亡。而在生殖细胞、干细胞等一些特殊的细胞中，端粒酶却非常活跃，勤勤恳恳，使得这些细胞可以不断分裂，活力常驻。生殖细胞和干细胞在我们的身体里之所以与众不同，要归功于端粒酶。

唉！真扫兴！端粒酶仅在这么几种细胞里表现积极。别忙！还有一种细胞，端粒酶在它里面也积极肯干，让它不断地分裂、长大，不会衰老，还日益壮大，不过这可不是什么好事——这种细胞就是癌细胞。真要命！在我们这边，它懒懒地不动；到对手那边，它撒欢儿卖力，怪不得癌症那么难治呢！

生生不息的梦想

有句话说，如果你面前有阴影，那么身后一定有阳光！

端粒酶在普通细胞和癌细胞中一懒一勤的表现，确实让人有点郁闷，它简直是好坏不分，助纣为虐。别灰心！知道了真相，我们才能找到解决问题的好办法。

就像童话故事里那些法力高超的妖怪，一旦失去了他们所依仗的法宝，就没法再害人了。如果我们让癌细胞中的端粒酶失去活性，癌细胞也会衰老、死亡，那癌症就会变得好治多了。

实际上，这个想法已经开始用于癌症的治疗了。科学家发明了端粒酶抑制剂，专门去控制癌症。研究表明，使用端粒酶抑制剂治疗癌症，比起使用传统的化学疗法和基因疗法，效果更好，副作用更少，即便是对晚期癌症，也能起到抑制作用。

自古以来，无论是东方人，还是西方人，都渴望永恒，渴望长生，谁也不愿舍弃世间的繁华。

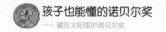

　　端粒酶的发现重燃人类挑战生命长度极限的希望。如果我们可以通过某种方式激活细胞中的端粒酶，那细胞将会活力十足，可以不断分裂、生长，而不会衰老。细胞不会老，人体也就不会老。没准哪一天，80岁的人看起来像30岁，90岁的人手脚灵活虎虎生风，70岁的人嘛，还小着呢……

　　不过到目前为止，人工合成端粒酶还没有成功。即使成功了，怎么把端粒酶输送到细胞里呢？一连串的问题还在等着我们。在杜甫生活的年代，"人生七十古来稀"。一千年之后的今天，借助科学和医学，人生七十不稀奇。干细胞技术、免疫系统激活，还有端粒酶，这些科学发现让我们真真切切地看到了追求生命的长度和质量的可能，延伸了人类追求美好生活、生生不息的梦想。

延伸阅读

❶ 伊丽莎白·布莱克本（1948—），拥有澳大利亚和美国双重国籍的分子生物学家，因在端粒和端粒酶领域做出的贡献而获得2009年的诺贝尔生理学或医学奖。

❷ 杰克·绍斯塔克（1952—），美国生物学家，因在端粒和端粒酶领域做出的贡献而获得2009年的诺贝尔生理学或医学奖。

延伸阅读

❸卡罗尔·格雷德（1961—），美国分子生物学家，因在端粒和端粒酶领域做出的贡献而获得 2009 年的诺贝尔生理学或医学奖。

◆ 酶是生命体内化学反应的催化剂。它不参与化学方应，但会加速反应速度。一种酶只能催化一种化学反应。